通信原理与技术

(活页式教材)

主编 许爱军 谢 娟 黄根岭

北京理工大学出版社
BEIJING INSTITUTE OF TECHNOLOGY PRESS

内容简介

本书是省级职业教育铁道通信与信息化技术专业教学资源库及国家精品在线课程"通信原理与技术"配套教材。本书分为三篇,第一篇主要介绍通信原理,以通信系统模型为主线,介绍了模拟通信系统和数字通信系统的基本模型、原理及传输过程中涉及的若干关键技术;第二篇主要介绍现代通信技术及应用,包括交换技术、IP 网络技术、数据通信技术、光纤通信技术、移动通信技术以及城市轨道交通通信中使用的通信技术;第三篇则是通信原理仿真实验。

全书按照项目化教学方式编写,包括揭开通信的神秘面纱、认识模拟通信时代、分析模数转换的模拟信号数字化技术、解析数字通信的基带传输机理、剖析数字通信的带通传输机理、通晓新一代的带通传输机理、领会实现通信可靠性的差错控制编码技术、对比通信双方协调一致的同步技术、领略现代通信技术及应用、仿真实验等十个项目。每个项目由若干典型工作任务组成。

本书极力淡化枯燥的理论分析,尽量结合实际的通信系统进行原理阐述,并配有相应的微视频、动画、思考题、项目测验等。本书可作为高职高专铁道通信与信息化技术专业、电子通信类专业的教材;也可作为通信运维工程师、铁路通信员工等企业人员的参考用书;也适合对通信原理、现代通信技术感兴趣的社会学习者学习参考。

版权专有 侵权必究

图书在版编目(CIP)数据

通信原理与技术 / 许爱军,谢娟,黄根岭主编. --北京:北京理工大学出版社,2023.8
ISBN 978-7-5763-2811-0

Ⅰ.①通… Ⅱ.①许…②谢…③黄… Ⅲ.①通信原理—高等职业教育—教材②通信技术—高等职业教育—教材 Ⅳ.①TN91

中国国家版本馆 CIP 数据核字(2023)第 157246 号

出版发行 / 北京理工大学出版社有限责任公司
社　　址 / 北京市海淀区中关村南大街 5 号
邮　　编 / 100081
电　　话 / (010)68914775(总编室)
　　　　　 (010)82562903(教材售后服务热线)
　　　　　 (010)68944723(其他图书服务热线)
网　　址 / http://www.bitpress.com.cn
经　　销 / 全国各地新华书店
印　　刷 / 河北盛世彩捷印刷有限公司
开　　本 / 787 毫米 × 1092 毫米 1/16
印　　张 / 16.25
字　　数 / 382 千字
版　　次 / 2023 年 8 月第 1 版 2023 年 8 月第 1 次印刷
定　　价 / 58.00 元

责任编辑 / 封　雪
文案编辑 / 封　雪
责任校对 / 刘亚男
责任印制 / 施胜娟

图书出现印装质量问题,请拨打售后服务热线,本社负责调换

前 言

随着信息与通信技术的飞速发展,相关产业的发展也日新月异,与此同时,产业发展对职业类岗位人才提出了新的要求,即重点要求从业人员具备一定的信息系统及工程的实施与运行保障能力。以"大智移云物区"为代表的新一代信息通信技术正在深刻改变传统产业形态和人们的生活方式,而这些新兴技术的基础是互联网,互联网的基石是通信技术,通信技术的入门课程是通信原理。

本书分三大部分,第一篇介绍以调制、编码、复用、同步为主要特征的物理层的信号传输原理,包括模拟和数字通信,同时介绍了一些新的调制技术以反映通信技术的最新发展;第二篇以现代通信系统为背景,介绍了数据通信、光纤通信、移动通信等常用的通信系统,同时介绍了轨道交通通信系统的组成及应用;第三篇是有关通信原理的仿真实验指导,以增强学习者良好的学习体验和学习效果,有利于学生技能的提高。

本书的特点如下:

(1) 构建新形态一体化技术。依托省级职业教育铁道通信与信息化技术专业教学资源库及国家精品在线课程"通信原理与技术",构建"立体教材+多媒体平台"的新形态一体化技术。配套开发了微课视频、动画、试题库、仿真实训等颗粒化资源,实现了知识点全覆盖并发布在超星学银在线平台(https://www.xueyinonline.com/),满足网络学习和线上线下混合式教学的需要。

(2) 项目化教学和编写。本书按照项目化教学进行编写,将课程分为三大部分,其中第一篇分为8个项目,每个项目分为若干个典型工作任务,每个任务有任务描述、任务目标、任务实施、任务思考;每个项目有案例导入、项目导引、项目测验。

(3) 本书内容精练,针对性强,语言简洁,理论联系实际,对基本原理的分析深入浅出,充分考虑了高职学生的文化基础和学习能力,在问题的阐述上尽量避免过多的理论推导。项目九则把通信技术的理论应用于具体的通信系统中。

(4) 引入仿真平台的实验指导,仿真可加深学生对理论的理解,将抽象变为具象,仿真比传统的实验箱教学有更大的优势，学生可以随时实验、重复实验，教师可以检查每个学生的实验情况。

本书由广州铁路职业技术学院、郑州铁路职业技术学院、中国电信股份有限公司广州分公司、中国铁路广州局集团有限公司电务部广州通信段等单位组成的编写团队共同编写。编写团队成员既有通信领域的专家、教科研人员，又有一线教师、行业企业技术人员和能工巧匠。广州铁路职业技术学院许爱军教授具体编写本书的项目一、项目二和项目三。广州铁路职业技术学院谢娟老师具体编写本书的项目四、项目五、项目九、项目十。郑州铁路职业技术学院黄根岭老师具体编写本书的项目六、项目七、项目八。中国电信股份有限公司广州分公司何国标、中国铁路广州局集团有限公司电务部广州通信段戴俊勉等，对本书的整体结构、教学内容提供了许多建设性建议，并参与了课后习题、前沿技术的编写工作。本书配套的实验平台和部分数字化教学资源，由武汉凌特电子技术有限公司提供，在此表示衷心感谢。

在本书编写过程中，编写团队查阅了大量的国内外相关资料，参考并引用了很多有价值的文献观点，并尽可能注明出处，在此对相关作者表示诚挚谢意。由于编者学识水平有限，书中疏漏和不妥之处在所难免，敬请同行和读者批评指正。

编　者

《通信原理与技术》导学图

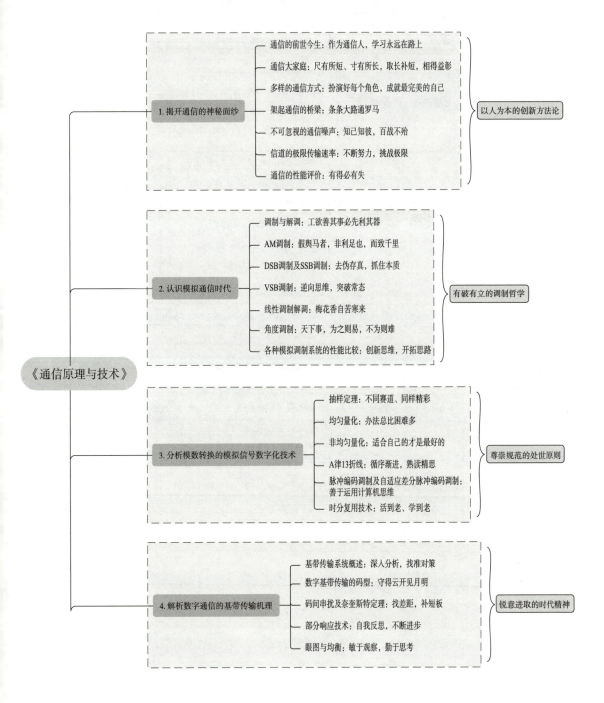

目 录

第一篇　通信原理

项目一　揭开通信的神秘面纱 ………………………………………………… 3

任务1　通信的前世今生 ……………………………………………………… 3
任务2　通信大家庭 …………………………………………………………… 8
任务3　多样的通信方式 ……………………………………………………… 11
任务4　架起通信的桥梁 ……………………………………………………… 15
任务5　不可忽视的通信噪声 ………………………………………………… 20
任务6　信道的极限传输速率 ………………………………………………… 22
任务7　通信的性能评价 ……………………………………………………… 24

项目二　认识模拟通信时代 ……………………………………………………… 28

任务1　调制与解调 …………………………………………………………… 28
任务2　AM 调制 ……………………………………………………………… 31
任务3　DSB 调制及 SSB 调制 ……………………………………………… 33
任务4　VSB 调制 …………………………………………………………… 36
任务5　线性调制的解调 ……………………………………………………… 38
任务6　角度调制 ……………………………………………………………… 42
任务7　各种模拟调制系统的性能比较 ……………………………………… 47

项目三　分析模数转换的模拟信号数字化技术 ……………………………… 51

任务1　抽样定理 ……………………………………………………………… 51
任务2　均匀量化 ……………………………………………………………… 54
任务3　非均匀量化 …………………………………………………………… 57

任务 4　脉冲编码调制 ·· 61
　　任务 5　自适应差分脉冲编码调制 ······························ 67
　　任务 6　时分复用技术 ·· 70

项目四　解析数字通信的基带传输机理 ·· 78

　　任务 1　基带传输系统概述 ·· 78
　　任务 2　数字基带传输的码型 ···································· 81
　　任务 3　码间串扰及奈奎斯特定理 ······························ 88
　　任务 4　部分响应技术 ·· 92
　　任务 5　眼图与均衡 ··· 95

项目五　剖析数字通信的带通传输机理 ·· 99

　　任务 1　二进制幅移键控（2ASK） ··························· 99
　　任务 2　二进制频移键控（2FSK） ··························· 103
　　任务 3　二进制相移键控（2PSK） ··························· 106
　　任务 4　二进制差分相移键控（2DPSK） ················· 110
　　任务 5　多进制数字调制 ··· 113
　　任务 6　正交相移键控（QPSK） ····························· 116

项目六　通晓新一代的带通传输机理 ·· 121

　　任务 1　QAM 的原理 ··· 121
　　任务 2　MSK 调制原理 ·· 124
　　任务 3　OFDM 调制原理 ·· 126
　　任务 4　扩展频谱通信 ·· 129

项目七　领会实现通信可靠性的差错控制编码技术 ·· 134

　　任务 1　差错控制编码概述 ······································ 134
　　任务 2　检纠错编码的原理 ······································ 137
　　任务 3　几种简单的差错控制编码 ···························· 139
　　任务 4　线性分组码 ··· 142
　　任务 5　循环冗余校验码 ··· 144
　　任务 6　卷积码 ··· 147

项目八　对比通信双方协调一致的同步技术 ·· 151

　　任务 1　载波同步原理 ·· 151
　　任务 2　码元同步原理 ·· 155
　　任务 3　帧同步原理 ··· 158

第二篇　现代通信技术及应用

项目九　领略现代通信技术及应用 …… 167
- 任务1　通信业务及压缩编码 …… 167
- 任务2　交换技术及IP网络技术 …… 177
- 任务3　光纤通信技术 …… 190
- 任务4　移动通信技术 …… 200
- 任务5　城市轨道交通通信系统简介 …… 208

第三篇　通信原理仿真实验

项目十　仿真实验 …… 217
- 实验一　抽样定理实验 …… 227
- 实验二　PCM编译码实验 …… 229
- 实验三　HDB3码型变换实验 …… 231
- 实验四　ASK调制及解调实验 …… 232
- 实验五　FSK调制及解调实验 …… 234
- 实验六　BPSK调制及解调实验 …… 236
- 实验七　DBPSK调制及解调实验 …… 238
- 实验八　汉明码编译码实验 …… 240
- 实验九　帧同步提取实验 …… 242
- 实验十　时分复用与解复用实验 …… 243
- 实验十一　HDB3线路编码通信系统综合实验 …… 245

参考文献 …… 247

第一篇　通信原理

项目一

揭开通信的神秘面纱

知识点思维导图

学习目标思维导图

案例导入

当前,世界正在进入以数字化、智能化、网络化为显著特点的发展新时期,随着新技术的迅速发展,"万物感知""万物互联""万物智能"已成为网络空间乃至现实领域社会发展的重要趋势,社会治理也迎来运用新一代信息技术改革创新的发展浪潮。随着ICT(信息通信技术)、物联网、云计算、人工智能新一代技术手段日益成熟,互联网络、5G基站、大数据中心等基础设施落地,社会治理的手段与疆界得到了进一步的拓展;随着智慧城市、数字经济的发展,线下的物理社会和线上的网络社会高度地交织在一起。

任务1 通信的前世今生

任务描述

本任务主要介绍通信的发展历史和通信的概念。

任务目标

- ✓ 知识目标:分析消息、信息、信号的定义和内涵。
- ✓ 能力目标:陈述通信在学习生活、铁路运输中的重要作用。
- ✓ 素质目标:能用发展的眼光看待世界。

任务实施

通信（communication），一直伴随着人类的发展。早在远古时代，人们就通过简单的语言、手势等方式进行信息交换。"烽火狼烟""快马加鞭"生动地描述了我国古代的通信技术。19世纪中叶以后，随着电报、电话的发明和电磁波的发现，通信领域发生了根本性的巨大变革，实现了利用金属导线来传递信息，通过电磁波进行无线通信，使神话中的"顺风耳""千里眼"变成了现实。从此，人类的信息传递可以脱离常规的视听觉方式，用电信号作为新的载体，由此带来了一系列通信技术的革新，开始了人类通信的新时代。

1.1.1 通信与信号

通信，顾名思义，就是互通信息；而电信就是利用电信号（signal）传递消息（message）中的信息（information），信息、消息、信号之间关系密切。

自然界中，信息无处不在，万事万物都在传递着各种各样的信息。但是，信息又是无形的、抽象的，它必须依附于某种物理形式才能表现出来，比如，语音、图像、温度、文字、数据、符号等形式，这些信息的外在表现形式在通信中常被称为消息，消息是系统传输的对象，具有多种形式，信息则蕴含在消息中，是消息的内涵。同一个信息可用不同形式的消息来表达，比如天气预报可用语音消息，也可用图片消息来表达。消息的传输必须要有合适的物理载体，我们把传递消息的物理载体称为信号，信号是运载消息的工具。信号有多种形式，古代的烽火台是通过烽火狼烟这个载体来传递消息，而现代通信往往以电的形式来传递消息，例如电报、电话、短信、邮件等。因此，信号是消息的物理载体，是消息的电表现形式。根据搭载消息的信号参量的取值连续或离散，信号分为模拟信号和数字信号。"连续"的含义是无穷多、不可数，"离散"的含义是有限个、可数的。因此，我们可以用图1-1来描述信息、消息和信号三者之间的关系。

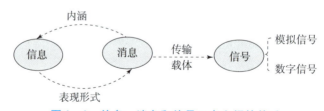

图1-1 信息、消息和信号三者之间的关系

在现实的物理世界中，信号的种类千差万别，比如语音信号、图像信号、温度信号等，但从数学的观点看，信号均可表示为一个或多个自变量的函数（function），比如，语音信号为单变量函数，这个自变量为时间，图像信号是一个具有两个自变量的函数，这两个自变量就是图像中某一点的坐标，可见，函数就是信号的数学模型。

对信号的描述可以有两种方法，即时域法和频域法。时域法研究的是信号的电量（电压或者电流）随时间变化的情况，可以用观察波形的方法进行。例如，语音信号与时间 t 的关系可用一维函数 $f(t)$ 来描述，如图1-2（a）所示。频域法研究的是信号的电量在频域中的分布情况，可用频域分析仪观察信号的频谱，语音信号的频率范围是 20~20 000 Hz，如图 1-2（b）所示，图中，$F(t)$ 为 $f(t)$ 的频谱函数。在语音中，频谱越高能量越小，所以在电话中只传送能听清对方说话声音的 300~3 400 Hz 的部分。

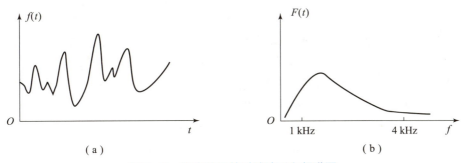

图 1-2　语音信号的时域波形和频谱图
（a）语音信号的时域波形；（b）语音信号的频谱图

1.1.2　世界通信发展大事

任何时代的通信技术发展都会受制于当时的科学基础，100 多年前，整个通信行业还未体系化、专业化，因此最初的技术突破是众多散乱的点，相互之间联系并不紧密，其发展规律也不够清晰。

下面让我们看看西方科技高速发展的同时，中国在做什么，通过对比，可以了解一下中国的通信技术发展为什么暂时落后于西方发达国家，同时也希望中国当代人奋起直追，为我国通信技术的发展尽快赶超世界先进水平而努力。

1）近现代通信：电磁通信和数字通信的起步

1835 年，美国雕塑家、画家、科学爱好者莫尔斯发明了有线的电磁电报（5 年后，中国结束了长达 2 000 多年的封建社会）。

1860 年，意大利人安东尼奥·梅乌奇首次向公众展示了他发明的电话，美国国会 2002 年确认他为电话的发明人。

1875 年，苏格兰青年亚历山大·贝尔发明了电话机，并于 1878 年在相距 300 km 的波士顿和纽约之间进行了首次长途通话实验，获得了成功，后来成立了贝尔电话公司。贝尔被认为是现代电信的鼻祖，以其名字命名的实验室和电信运营商至今还活跃在美国乃至全世界的电信领域。

1878 年，磁石电话和人工电话交换机诞生（1882 年，我国第一部磁石电话交换机在上海开通）。

1880 年，发明了共电式电话机。

1885 年，发明了步进制交换机。

1892 年，美国的史端桥发明了步进制自动交换机（1898 年，我国开始戊戌变法并迅速失败）。

电报和电话开启了近代通信的历史，但是最初的应用范围较小，在第一次世界大战以后，发展速度加快。

1893年，美籍塞尔维亚科学家尼古拉·特斯拉首次公开展示了无线电通信。

1895年，俄国物理学家亚历山大·波波夫在圣彼得堡俄国物理化学学会的物理分会上表演了他发明的无线电接收机，俄罗斯人一致尊称波波夫为无线电发明人。

1895年，意大利工程师古列尔莫·马可尼发明了无线电报，并于1896年在英国获得了无线电技术的专利，于1909年获得了诺贝尔物理学奖。

无线电发明之时，中国正值清朝末期，无线电技术发展落后，但其开始应用的时间几乎与世界同步。1899年，清政府购买了几部无线电报机，安装在广州两广总督署和马口、威远等要塞以及南洋舰艇上，供远程军事指挥使用，这也是中国首次使用无线电报业务。

1919年，发明纵横制式自动交换机（五四运动爆发——中国革命史的重要篇章）。

1930年，发明传真、超短波通信（1931年，九一八事变爆发）。

1935年，发明频率复用技术及模拟黑白广播电视（1936年，红军长征胜利结束；1937年，七七事变，抗日战争全面爆发）。

1947年，发明大容量微波接力通信系统（1949年10月1日，中华人民共和国成立）。

1956年，发明欧美长途海底电话电缆传输系统（北京电报大楼开始动工）。

1957年，发明电话线数据传输技术（国产第一家自动电话交换设备厂建成投产）。

1958年，发明集成电路（IC）（1961年，国产312-1V型明线12路载波机投产使用）。

20世纪50年代以后，元器件、光纤、收音机、电视机、计算机、广播电视、数字通信业大发展。

1962年，发射同步卫星（1964年，中国的第一颗原子弹爆炸试验成功）。

1972年，发明光纤。

1972年以前，只存在一种基本的网络形态，即基于模拟传输、采用确定复用、有连接操作寻址和同步转移模式（STM）的公众交换电话网（PSTN）形态。这些技术体系和网络形态至今还有使用，例如铁路上的调度电话。

1972—1980年，国际电信界集中研究电信设备数字化，这一进程提高了电信设备的性能，降低了成本，并提升了电信业务的质量。最终，在模拟PSTN形态的基础上，形成了综合数字网（IDN）的形态。这个时代是中国命运的转折点。改革开放带来了生产力的巨大发展，让今天的中国人几乎与世界同步地享受着高科技的通信技术带来的全新体验，同时也让中国人感受到了全球移动通信和互联网时代一日千里的变化。

2）当代通信：互联网时代和移动通信

1969年，美军ARPANET问世；

1979年，局域网诞生（1977年，中国刚刚恢复高考）。

1983年，TCP/IP成为ARPANET上唯一的正式协议。

1989年，欧洲核子研究组织发明万维网（WWW）。

1996年，美国克林顿政府提出"下一代Internet计划"。

互联网的爆发性增长，彻底改变了人们的工作方式和生活习惯，随后的20年，一大批业界精英"粉墨登场"，一大批新技术、新思路、新理念、新思维风起云涌。

1982年，发明了第二代蜂窝移动通信系统，分别是欧洲标准的GSM、美国标准的A-AMPS和日本标准的D-NTT（1985年，中兴通讯成立）。

1988年，欧洲电信标准协会成立（华为公司成立）。

1992年，GSM被选为欧洲900 MHz系统的商标——全球移动通信系统。

2000年，提出第三代多媒体蜂窝移动通信系统标准，其中包括欧洲的WCDMA、美国的CDMA2000、中国的TD－SCDMA（这是中国移动通信界的一次创举和对国际移动通信行业的贡献，也是中国在移动通信领域取得的前所未有的突破）。

2008年，史蒂夫·乔布斯向全球发布了新一代的智能手机iPhone3G，从此开创了移动互联网蓬勃发展的新时代，移动互联网以摧枯拉朽之势迅速席卷全球（中国3G牌照发放）。

2012年，中国主导制定的TD－LTE－Advanced和FDD－LTE－Advance，同时并列为4G国际标准。

2013年，工业和信息化部向三大电信运营商发放了4G牌照。

2017年，华为超过爱立信，成为全球第一大通信设备制造商。

2018年，第五代移动通信技术（简称5G）独立组网标准正式确立。

新技术的探索是随着经济的发展、各种自然基础学科的发展、人们生活方式的改变而不断深入的。

3）未来通信：大融合时代

通信技术以现代的声、光、电技术为硬件基础，辅以相应软件来达到信息交流的目的。20世纪末开始，多媒体的广泛推广、互联网的应用、移动通信的发展，极大地推动了通信业的发展，现代物理学家和通信专家将不断提高声、光、电的传送能力，再加上以大数据、云计算、物联网、人工智能、融合通信、智慧城市为代表的新的IT架构，极大地刺激了通信业新一轮的技术演进和产业升级。可以预见，未来的通信行业，将向着速度更快、损耗更低、移动性更强、连接性更快捷、融合性更彻底的方向发展。

无处不在的通信网络，将在人与人、人与物、物与物之间建立起井然有序的纽带，数据在光纤、空气中有条不紊地传送，在每个节点的CPU里不断被运算、在磁盘里被存储、在交换芯片上被转发、在终端上被展示。未来的电信网络一定朝着技术融合、业务融合的方向发展，全面连接人和物，并最终全面融入人类生活的每个角落。

未来通信会如何发展，期待大家一起来勾画。宽带、多媒体、云计算、物联网、人工智能、大数据、移动……这些关键词的各种组合，都可以造就无数让我们热血沸腾的通信业未来的图景，让我们拭目以待吧。

1.1.3 中国铁路通信发展大事

铁路通信以运输生产为重点，其主要功能是实现行车和机车车辆作业的统一调度与指挥。但因铁路线路分散，支叉繁多，业务种类多样化，组成统一通信的难度较大。为指挥运行中的列车，必须用无线通信，因此铁路通信必须是有线和无线相结合，采用多种通信方式。

1881年中国自办铁路——唐胥铁路开通，迈出了中国自办铁路通信的第一步，当时采用西门子莫尔斯电报机，作为站间闭塞和通信联络用；

1899年，唐胥铁路开始使用磁石电话；

1918年，唐胥铁路开始使用自动电话；

1960年，对称电缆通信技术率先在宝鸡—凤州电气化铁路上实现应用；

1975年，我国第一代小同轴电缆在成都—昆明铁路首先使用；

1988年，新建的大同—秦皇岛铁路线采用了从多个国家引进的光数字通信系统，首次在我国建成400多千米的干线光缆，并组成了铁路通信的第一个完整的数字岛；

1996年，铁路通信采用同步数字系统通信技术（SDH），并在京九线2 500公里线上一次建成622 Mb/s的光通信系统。

以上4次通信技术上的突破，被誉为铁路通信发展的"四大里程碑"。我国铁路从20世纪70年代初期开始使用计算机进行行车控制和运营管理的研究，铁路数据通信业务也从无到有逐步发展起来。

1.1.4　通信行业标准化组织

俗话说"没有规矩不成方圆"。生活中处处需要规矩，例如，汽车行驶在公路上需要遵守交通管理部门制定的交通规则；在通信网络中，信号在信道上传输时也必须遵守相关的标准和协议。通信领域比较重要的国际标准组织有以下几个。

（1）国际标准化组织（ISO）；

（2）国际电信联盟（ITU）；

（3）电气和电子工程师协会（IEEE）；

（4）第三代合作伙伴计划（3GPP）；

（5）中国通信标准化协会（CCSA）。

有关它们的组织结构和职责参考相关的资料。

二维码微课＋动画－通信发展史

任务思考：从非电通信到电通信，通信的速度发生了彻底的改变，如果你准备到戈壁沙漠地区游玩，需要带什么通信器材？

任务2　通信大家庭

任务描述

本任务主要介绍通信系统的一般模型及各模块的功能，在此基础上根据传输信号的不同，分别介绍模拟通信系统和数字通信系统。

任务目标

- 知识目标：解释信源、发送设备、信道、接收设备、信宿的功能。
- 能力目标：能够绘制通信系统的模型。
- 素质目标：具备社会责任感。

任务实施

系统是指若干部分相互联系、相互作用，形成的具有某些功能的整体，通信系统则是指用以完成信息的传输的系统的总称。

1.2.1 通信系统的一般模型

通信的功能是由通信系统来实现的。通信系统是指完成信息传递的传输媒介和全部设备。以最简单的点对点通信为例，通信系统的一般模型如图 1-3 所示。

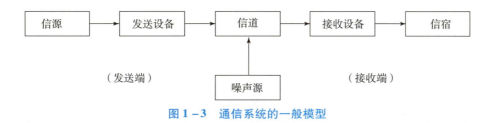

图 1-3 通信系统的一般模型

下面简要概述各组成部分的功能。

1. 信息源（source，也称信源、发终端）

信源的功能是将各种不同形式的消息转换成原始电信号。根据消息种类的不同，信源可分为模拟信源和数字信源，模拟信源输出连续的模拟信号，比如话筒（声音——音频信号）、摄像机（图像——视频信号）；离散信源输出离散的数字信号，比如电传机（键盘字符——数字信号）、计算机等各种数字终端。

2. 发送设备（transmitter，也称发射机）

发送设备的功能是将信源产生的信号变换成适合在信道上传输的信号。发送设备可能是调制电路、编码电路或滤波电路等。对于多路传输系统，发送设备还包括多路复用器。

3. 信道（信道：channel，也称传输媒介）

信道是传输信号的物理媒介。信道有多种形式，通常分为有线信道和无线信道，信道既给信号通路，也会对信号产生各种干扰和噪声。信道的固有特性及引入的干扰与噪声直接关系到通信的质量。

4. 接收设备（receiver，也称接收机）

接收设备的功能是完成发送设备的反变换。接收设备可能是解调电路、译码电路或滤波电路等。

5. 受信者（destination，也称信宿、收终端）

受信者的功能与信源相反，即将原始电信号恢复为相应的消息。常用的信宿设备有扬声器、耳机、显示器等。

6. 噪声源（noise）

我们将信道中存在的不需要的干扰电信号统称为噪声。噪声在通信系统中客观存在且处处存在。显然噪声不是人为加入的设备，也不构成独立的组成部分。

图1-3概括地描述了通信系统的组成，反映了通信系统的共性。根据研究的对象以及所关注问题的不同，图1-3中各方框的内容及作用将有所不同，因而相应有不同形式的、更加具体的通信模型。

通常，按照信道中传输的是模拟信号还是数字信号，相应地把通信系统分为模拟通信系统和数字通信系统。

1.2.2 模拟通信系统和数字通信系统

1）模拟通信系统模型

模拟通信系统是利用模拟信号来传递信息的通信系统。其模型如图1-4所示。

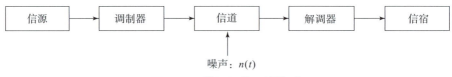

图1-4 模拟通信系统模型

模拟通信伴随电话与无线电广播等语音通信的发展而发展，曾经盛行于世。模拟通信系统的结构比较简单，大多数系统的核心是调制和解调单元，如图1-4所示。模拟通信系统包含两种重要变换。

第一种变换是在发送端把连续消息变换成原始电信号，在接收端进行相反的变换，这种变换、反变换由信源和信宿来完成。这里的原始电信号我们称为基带信号。例如语音信号的频率范围是300～3 400 Hz，图像信号的频率范围是0～6 MHz。有些信道可以直接传输基带信号，而以自由空间作为信道的无线电传输却无法直接传输这些信号，因此模拟通信系统中常需要进行第二种变换。

第二种变换是把基带信号变换成适合在信道中传输的信号，并在接收端进行反变换。完成这种变换和反变换的通常是调制器和解调器。经过调制后的信号称为已调信号，也称为带通信号。

实际模拟通信系统中可能还有滤波、放大、天线辐射等信号处理过程。

2）数字通信系统模型

数字通信系统是利用数字信号来传递信息的通信系统。

图1-5为一个较为完善的数字通信系统模型。从图中可以看出，数字通信系统与模拟通信系统的主要区别是多了信源编码（译码）、加密（解密）、信道编码（译码）、复用（解复用）、数字调制（解调）、扩频（解扩频）和多址接入等模块。这里主要介绍信源编码（译码）和信道编码（译码）模块的功能。信源编码的功能主要有两个，一个功能是将

信源输出的模拟信号转换成数字信号,以实现模拟信号的数字化传输;另一个功能是通过相关措施降低码元传输速率(即减少编码位数),提高系统传输的有效性。信源译码是信源编码的逆过程。信道编码的主要功能是将信源编码输出的数字信号变换成适合信道传输的码型,以提高通信系统传输的可靠性。信道译码是信道编码的逆过程。

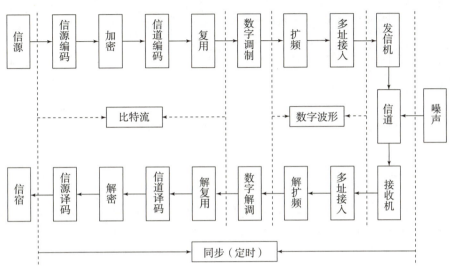

图 1-5 数字通信系统模型

需要说明的是,实际的数字通信系统不一定包括图 1-5 中的所有环节,比如数字基带传输系统就无需调制和解调。

与模拟通信系统相比,数字通信系统有很多优点,比如抗干扰能力强,信号便于处理、变换、存储、加密等;缺点是需要较大的传输带宽和严格的收发同步,随着光纤的发明和应用,传输带宽的问题得到了很好的解决,因此,数字通信的应用会越来越广。

二维码微课+动画-通信系统

任务思考: 手机终端是信源还是信宿?收音机是信源还是信宿?

任务3 多样的通信方式

任务描述

本任务主要介绍通信双方的工作方式和信号的传输方式。

任务目标

- ✓ 知识目标：掌握单工、半双工、全双工的区别，并行和串行传输特点，同步与异步通信帧结构。
- ✓ 能力目标：能够讲述通信方式及其应用场景。
- ✓ 素质目标：具备社会责任感。

任务实施

通信方式是指通信双方之间的工作方式或信号传输方式。

1.3.1 串行通信和并行通信

在数字通信中，常用时间间隔相同的符号（波形）来表示数字信号，这样的时间间隔内的符号（波形）称为码元，对应的时间间隔称为码元周期（码元长度，用符号 T_s 表示），它是承载信息的基本信号单位。在二进制数字通信系统中，码元有两种离散状态，多进制（M）数字通信系统中，码元的离散状态有 M 种。

按照数字信号码元排列方式的不同，可分为串行通信和并行通信。

串行通信是将数字信号码元序列以串行方式一个码元接一个码元地在一条信道上传输，如图 1-6（a）所示。远距离数字通信通常采用串行通信方式，在计算机中，有专门的 RS-232、RS-422、RS-485 等串行通信接口。

并行通信是将数字信号码元序列以成组的方式在两条或两条以上的并行信道上同时传输，如图 1-6（b）所示。近距离数字通信通常采用并行通信方式，计算机或 PLC 各种内部总线就是以并行方式传送数据的。

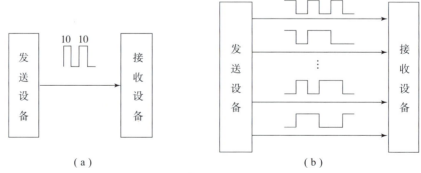

图 1-6 串行通信和并行通信

1.3.2 同步通信和异步通信

在数字通信中,发送端和接收端必须严格做到同步,按照信息传输过程中收、发两端采取的不同同步原理,可将信号的通信方式分为异步通信和同步通信两类。

①异步通信一般是以字符为单位来传输信息的,而且每次只传送一个字符,按照空闲位、起始位、数据位、奇偶校验位、停止位的规则进行传输。由于异步通信中每一个字符的发送都是随机和独立的,并以不均匀的速率发送,所以这种通信方式称为异步通信。

具体传输过程是,字符的传输由起始位(如逻辑电平0)引导,表示字符的开始,其宽度为一个码元的时间,被传输字符的后面通常附加一个校验位(或不用),校验位后面为停止位(如逻辑电平1),通常为1、1.5或2个码元宽度(可根据需要选择)。在下一个字符的起始位收到之前,线路一直处于逻辑1状态。接收端可根据从1到0的跳变来识别一个新字符的开始,如图1-7所示。

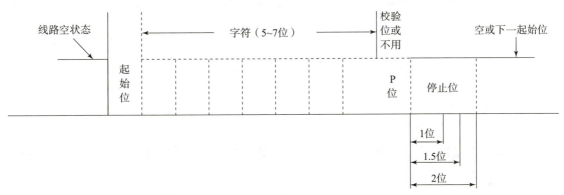

图1-7 异步通信帧结构图

异步传输的优点是简单、可靠,适用于面向字符的、低速的异步通信场合。例如,计算机与Modem之间的通信就是采用这种方式。但缺点是通信开销大,每传输一个字符都要额外附加2~3位,通信效率比较低。例如,在使用Modem上网时,普遍感觉速度很慢,除了传输速率低之外,与通信开销大、通信效率低也密切相关。

②同步通信不是以一个字符为单位,而是以一个数据块为单位进行信息传输的。每个数据块的头部和尾部都要附加一个特殊的同步字符或比特序列(头部的称为前文,尾部的称为后文),这种加有前文和后文的一个数据块称为数据帧(或称组,或称包)。

图1-8表示出了面向字符型和面向比特型的帧结构。在面向字符型的方案中,每个数据块以一个或多个同步字符syn作为开始,后文是一个确定的控制字符;在面向比特型的方案中,则前文和后文采用标志字段01111110,以区分一帧的开始和结束。

同步传输通常要比异步传输快速得多,且通信开销较少。

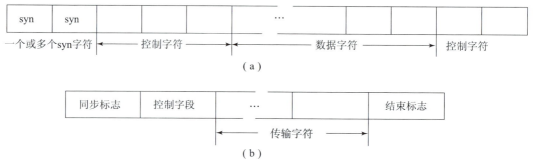

图 1-8 同步通信帧结构图
(a) 面向字符型的帧结构；(b) 面向比特型的帧结构

1.3.3 单工、半双工和全双工

对于点对点通信，按照信息传递的方向和时间，通信方式分为单工通信、半双工通信和全双工通信三种。

单工通信是指信息只能单方向传输的工作方式，如图 1-9 (a) 所示。广播、遥控、无线寻呼等就是单工通信方式。这里，信号（消息）只能从广播发射台、遥控器和无线寻呼中心分别发送到收音机、遥控对象和 BP 机上。

半双工通信是指通信双方都能收发信息，但不能同时进行收和发的工作方式，如图 1-9 (b) 所示。对讲机、收发报机等就是半双工通信方式。

全双工通信是指通信双方可同时进行收发信息的工作方式，如图 1-9 (c) 所示。固定电话、手机等就是全双工通信方式。

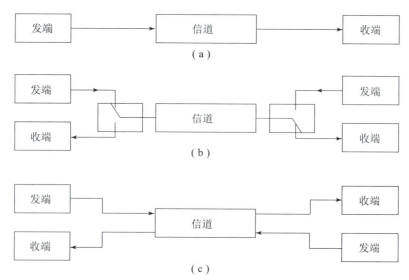

图 1-9 单工、半双工、全双工通信示意图
(a) 单工；(b) 半双工；(c) 全双工

二维码微课+动画　通信方式

任务思考：USB 接口是串行传输还是并行传输？

任务 4　架起通信的桥梁

任务描述

本任务主要介绍信道的概念及信道的传输特性。

任务目标

- ✓ 知识目标：对比广义信道和狭义信道、常用传输介质；分析信道的传输特性。
- ✓ 能力目标：能够描述无线电磁波的三种传输方式及应用场景。
- ✓ 素质目标：具备服务意识。

简述广义信道和狭义信道的区别，了解有线传输介质的类别及应用，了解无线电波传输方式。

任务实施

通信中的桥梁就是信道。通俗地讲，信道是信号传输的通道，抽象地说，信道是指定的一段频带，它让信号通过，同时又给信号以限制和损害。在通信系统中，信道传输特性的好坏直接影响通信系统的总特性。

根据信道的定义，信道可分为两类：狭义信道和广义信道。通常将仅指信号传输介质的信道称为狭义信道，如架空明线、双绞线、同轴电缆、光纤、微波、短波等。但在通信系统的分析研究中，为简化系统模型和突出重点，常把信道的范围适当扩大，除了传输介质外，还包括系统的有关部件和电路，如馈线、天线、混频器、放大器及调制解调器等，我们把这种扩大了的信道称为广义信道。通信效果的好坏在很大程度上依赖于狭义信道的特性。

1.4.1　狭义信道

按具体传输介质的不同，狭义信道可分为有线信道和无线信道。

1）有线信道

所谓有线信道是指传输介质为架空明线、对称电缆、同轴电缆、光缆及波导管等这类能看得见的介质。有线信道是现代通信网中最常用的信道之一，如光缆广泛应用于干线（长途）传输，对称电缆则常用于近程（市内电话）传输。

架空明线是指平行架设在电线杆上的架空线路，如图1-10所示。它本身是导电裸线或者带绝缘层的导线。虽然它的传输损耗低，但是易受天气和环境的影响，对外界噪声干扰比较敏感，所以目前已经逐渐被电缆所代替。

同轴电缆是指有两个同心导体，而导体和屏蔽层又共用同一轴心的电缆。同轴电缆以硬铜线为芯，外包一层绝缘材料。这层绝缘材料用密织的网状导体环绕，网外又覆盖一层保护性材料，如图1-11所示。

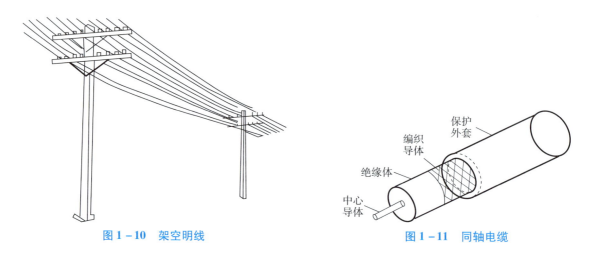

图1-10 架空明线　　　　　　图1-11 同轴电缆

同轴电缆的电磁场封闭在内外导体之间，所以辐射损耗小，受外界干扰小。与双绞线相比，同轴电缆具有更高的带宽、更快的传输速率和更好的抗干扰能力。同轴电缆的直接传输距离较近，且成本较高。同轴电缆一个常见的应用例子是有线电视网络。目前，由于光纤的广泛应用，远距离传输信号的干线线路多采用光纤代替同轴电缆。

双绞线是由一对相互绝缘的金属导线绞合而成的，采用这种方式，不仅可以抵御一部分来自外界的电磁波干扰，也可以降低多对绞线之间的相互干扰，图1-12是双绞线示意图。双绞线一个扭绞周期的长度，叫作节距，节距越小（扭线越密），抗干扰能力越强。

图1-12 双绞线

双绞线的性能较稳定，且构造简单、成本较低、安装容易，因而常用于有线电话网中的用户接入线路、局域网及综合布线工程中。

光纤是光导纤维的简称，它是一种能传输光信号的玻璃或者塑料纤维。随着科学技术的迅速发展，光导纤维现已在通信、电子和电力等领域日益扩展，成为大有前途的新型基础材料，光纤的结构及传输特性见项目九。

光纤具有许多独特的特性，例如带宽大、容量大；衰耗小，无中继传输距离远；抗电磁干扰能力强，防窃听，安全性好；耐高温，耐腐蚀，绝缘性好；体积小，质量轻，便于施工维护；节省有色金属，价格低廉，环保。因此，光纤在通信领域（如骨干传输）、军用光缆、海底光缆、有线电视传输、光纤到楼、光纤到户、医学（如内窥镜）、安防监控、光纤照明、传感器等领域获得了广泛应用。

光纤的结构

2）无线信道

无线信道是指可以传输无线电波和光波（红外线、激光）的自由空间或大气。无线信道具有方便、灵活、通信者可移动的特点，在移动通信中只能采用无线信道，但其传输特性没有有线信道稳定、可靠。无线电波自发射地点到接收地点主要有地波、天波、空间直线波3种传播方式，如图1-13所示。其中，沿着地球表面传播的电波称为地波；靠大气层中的电离层反射传播的电波称为天波（又称电离层反射波）；在空间由发射地点向接收地点直线传播的电波称空间直线电波（又称直线波或视距波）。表1-1是无线信道的工作频率、传播方式和主要用途。

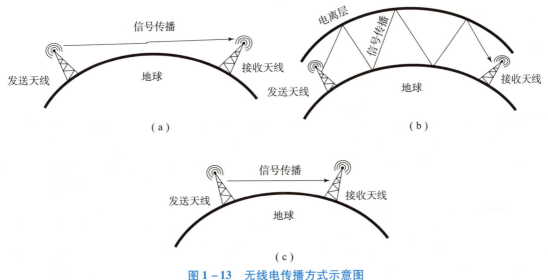

图1-13 无线电传播方式示意图

(a) 地波传播（低于2 MHz）；(b) 天波传播（2~30 MHz）；

(c) 空间直线电波传播（30 MHz以上）

表 1-1 无线信道的工作频率、传播方式和主要用途

名称	频带范围	波长范围	主要传播方式	主要用途
长波	30~300 kHz	1~10 km	地波	远距离通信、导航
中波	300~3 000 kHz	0.1~1 km	地波	调幅广播、船舶、飞机通信
短波	3~30 MHz	10~100 m	地波、天波	调幅广播、调幅和单边带通信
超短波	30~300 MHz	1~10 m	直射波、对流层散射波	调频广播、广播电视、雷达与导航、移动通信
微波	300 MHz 以上	1 m 以下	直射波	广播电视、卫星通信、移动通信、微波接力通信等

1.4.2 广义信道

广义信道通常也可分成两种：调制信道和编码信道。

1）调制信道

调制信道是从研究调制和解调基本原理的角度提出的，调制信道的范围从调制器的输出端至解调器的输入端，如图 1-14 所示。从调制和解调的角度来看，从调制器的输出端至解调器的输入端的所有电路和传输介质，仅仅是对已调信号进行了某种形式的变换，我们只关心变换的最终结果，而不关心变换的过程。

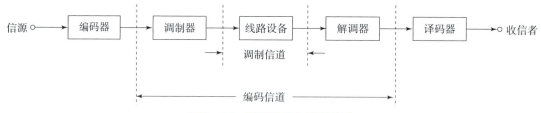

图 1-14 调制信道与编码信道

在调制信道中，按信道的参数分类，可分为恒参信道和变参信道。在表征信道特征时，常用的电气参数有特性阻抗、衰减频率特性、相移（时延）频率特性、电平波动、频率漂移、相位抖动等。如果这些参数变化量极微、变化速度极缓慢，这种信道就称为恒参信道，如双绞线、同轴电缆、光纤、长波无线信道都可以认为是恒参信道。若这些参数随时间变化较快、变化量较大，这种信道就称为变参信道，如短波信道、超短波信道和微波信道等。

2）编码信道

在数字通信系统中，如果仅着眼于编码和译码问题，则可定义另一种广义信道——编码信道。编码信道的范围从编码器的输出端至译码器的输入端，即编码信道是包括调制信道及调制器、解调器在内的信道，如图 1-14 所示。从编译码角度来看，编码器输出为某一数字序列，译码器的输入为进行了某种变换的数字序列。因此，从编码器的输出端至译码器的输入端，所有电路和传输介质可以用一个可以进行数字序列变换的信道加以概括，此信道称为编码信道。

编码信道可细分为无记忆编码信道和有记忆编码信道。所谓无记忆编码信道是指每个输出符号只取决于当前的输入符号，而与其他输入符号无关。实际信道往往是有记忆的，即每个输出符号不但与当前输入符号有关，而且与以前的若干个输入符号也有关。

综上所述，我们可以用表1-2归纳信道的分类情况。

表1-2 信道分类表

信道	狭义信道	有线信道	对称电缆、同轴电缆、光缆及波导管等
		无线信道	短波、微波等
	广义信道	调制信道	恒参信道
			变参信道
		编码信道	无记忆编码信道
			有记忆编码信道

根据研究对象和关心问题的不同，还可以定义其他形式的广义信道。

1.4.3 信道特性对信号传输的影响

对于信号传输而言，追求的是信号通过信道时不产生失真或者失真小到不易察觉的程度，而在实际的通信中，没有任何信道能毫无损耗地通过信号的所有频率分量，这是由于支持信道的传输媒介都存在固有的传输特性，即对信号的不同频率分量存在着不同程度的衰减和延时。信道传输特性可用信道的频率特性（也称为频响特性），即幅频特性和相频特性来表示。

在多数情况下，只关心信道的幅频特性，所以把输出信号的幅度与频率的变化曲线称为频率响应曲线，简称频响曲线。大多数信道的频响曲线都是带通型的，如图1-15所示。

若信道的振幅-频率特性不理想，则信号发生的失真称为频率失真。信号的频率失真会使信号的波形产生畸变。在传输数字信号时，

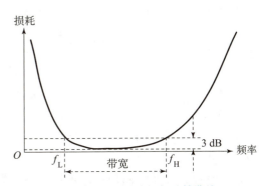

图1-15 信道的幅频特性曲线

波形畸变可引起相邻码元波形之间发生部分重叠，造成码间串扰；信道的相位特性不理想将使信号产生相位失真。相位失真对模拟语音通道影响并不显著，这是因为人耳对声音波形的相位失真不敏感，但数字信号传输却不然，尤其当传输速率比较高时，相位失真将会引起严重的码间串扰，给通信带来很大损害。所以，在模拟通信系统内往往只注意幅度失真和非线性失真，而将相移失真放在忽略的地位。但是，在数字通信系统内一定要重视相移失真可能对信号传输产生的影响。为了减小频率失真，可采取如下两种措施：

(1) 严格限制已调制信号的频谱，使它保持在信道的线性范围内传输；

(2) 通过增加一个线性补偿网络，使衰耗特性曲线变得平坦，这一措施通常称为"均衡"。

二维码微课　信道

任务思考：信道有恒参信道和变参信道，无线信道属于哪一类？

任务5　不可忽视的通信噪声

任务描述

本任务主要介绍噪声的类型及通信中的噪声特点。

任务目标

- ✓ 知识目标：解释热噪声、白噪声、高斯白噪声定义。
- ✓ 能力目标：能够对比通信噪声的类型及特点。
- ✓ 素质目标：具备分析问题、解决问题的能力。

任务实施

噪声对于信号的传输是有害的，它能使模拟信号失真，使数字信号发生错码，并限制信息的传输速率。

按噪声和信号之间的关系，信道噪声有加性噪声和乘性噪声。假定信号为$s(t)$，噪声为$n(t)$，如果混合迭加波形是$s(t)+n(t)$形式，则称此类噪声为加性噪声；如果迭加波形为$s(t)[1+n(t)]$形式，则称其为乘性噪声。加性噪声与有用信号毫无关系，不管有无有用信号，它都是独立存在的。它的危害是不可避免的。乘性噪声随着有用信号的存在而存在，当有用信号消失后，乘性噪声也随之消失。对乘性噪声进行具体描述是相当复杂的。我们仅讨论信道中的加性噪声。

1.5.1　信道中的加性噪声

信道中加性噪声的来源很多，它们的表现形式也多种多样。根据来源不同，加性噪声一般可以粗略地分为四类。

1）无线电噪声

无线电噪声主要来源于各种用途的无线电发射机。这类噪声的特点是频率范围很宽，从甚低频到特高频都可能有无线电干扰存在，并且干扰的强度有时很大。不过，这类干扰的频率是固定的，因此可以预先设法防止或避开。

2）工业噪声

工业噪声主要来源于各种电气设备，如电力线、点火系统、电车、电源开关、电力铁道、高频电炉等。这类噪声的特点是频谱集中于较低的频率范围，例如几十兆赫兹以内。因此，选择高于这个频段的信道就可防止受到它的干扰。

3）自然噪声

自然噪声主要来源于自然界存在的各种电磁波源，如闪电、大气中的电暴、银河系噪声及其他各种宇宙噪声等。这类噪声的特点是频谱范围很宽，并且不像无线电干扰那样频率是固定的，因此对它所产生的干扰影响很难防止。

4）内部噪声

内部噪声主要来源于系统设备本身产生的各种噪声，例如，在电阻一类的导体中自由电子的热运动、真空管中电子的起伏发射和半导体载流子的起伏变化等。因此，内部噪声又称起伏噪声、热噪声。

1.5.2 通信中的常用噪声

在通信系统的理论分析中常用到的噪声有白噪声、高斯噪声、高斯白噪声、窄带高斯噪声和正弦信号加窄带高斯噪声。

白噪声是指其功率谱密度函数在整个频域内是常数，即服从均匀分布，如图1-16所示。之所以称它为"白"噪声，是因为它类似于光学中包括全部可见光频率在内的白光。

高斯噪声是指其概率密度函数服从正态分布（也称作高斯分布）的一类噪声，如图1-17所示。

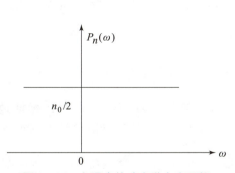

图1-16 白噪声的功率谱密度函数

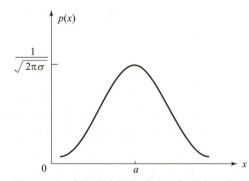

图1-17 高斯噪声概率密度函数分布示意图

我们已经知道，白噪声是指功率谱密度均匀的一类噪声，高斯噪声是指概率密度函数呈正态分布的一类噪声。高斯白噪声是指噪声同时具备概率密度函数正态分布和功率谱密度函数均匀分布的一类噪声。

热噪声的频率可以高达10^{13} Hz，且功率谱密度函数在$0 \sim 10^{13}$ Hz内基本均匀分布，同时其统计特性服从高斯分布，故常将热噪声称为高斯白噪声。

二维码微课　通信噪声

任务思考：热噪声可以避免吗？说说它的来源及特点。

任务 6　信道的极限传输速率

任务描述

本任务主要介绍信道容量公式的含义。

任务目标

- 知识目标：掌握解析信道容量公式中各参数含义。
- 能力目标：能够计算并评价信道容量。
- 素质目标：具备敢于怀疑和质疑的精神。

任务实施

当一个信道受到加性噪声干扰且传输信号功率和信道带宽受限，那么这种信道传输数据的能力将会如何呢？要回答这个问题，必须了解信道容量的概念及香农公式。

1.6.1　信道容量

从信息论的角度看，可把信道分为离散信道（近似可理解为数字信道）和连续信道（近似可理解为模拟信道）两种。所谓离散信道指输入与输出信号都是取值离散的时间函数；而连续信道是指输入和输出信号都是取值连续的时间函数。

信道容量是指信道无差错传输信息时的最大信息速率，记为 C。信道容量反映了信道传输信息能力的极限。信道容量与实际信息传输速率的关系，就像高速公路上的最大限速与汽车的实际速度的关系一样。

1.6.2　离散信道的信道容量

离散信道的信道容量可由奈奎斯特公式计算得到。1924 年，奈奎斯特推导出无噪声有

限带宽离散信道的最大数据传输速率公式,即奈奎斯特无噪声下的码元传输速率极限值 R_B 与信道带宽 B 的关系:

$$R_B = 2 \times B$$

离散无噪声信道的信道容量计算公式(奈奎斯特公式)为

$$C = 2 \times B \times \log_2 N$$

其中 N 表示进制数。

正是因为数字通信中带宽与信息传输速率或码元传输速率有上述关系,因此,数字通信系统中"带宽"的含义与模拟通信系统的带宽不同,常用信息速率来描述带宽。

1.6.3 连续信道的信道容量

连续信道的信道容量可由香农公式计算得到。1948 年,香农把奈奎斯特公式进一步扩展到了信道受到随机噪声干扰的情况,即香农公式。

假设连续信道的加性高斯白噪声功率为 N(W),信道的带宽为 B(Hz),信号功率为 S(W),则信道的信道容量为

$$C = B\log_2\left(1 + \frac{S}{N}\right)$$

设噪声单边功率谱密度为 n_0(W/Hz),则 $N = n_0 B$,因此上式可以改写为

$$C = B\log_2\left(1 + \frac{S}{n_0 B}\right)$$

可见,连续信道的容量 C 和信道带宽 B、信号功率 S 及噪声功率谱密度 n_0 三个因素有关。

通过香农公式可以得到如下一些重要结论:

(1) 在给定 B 和 S/N 的情况下,信道的极限传输能力为 C,而且此时能够做到无差错传输(即差错率为 0)。如果信道的实际传输速率大于 C 值,则无差错传输在理论上就已不可能。因此,实际信息传输速率 R_b 一般不能大于信道容量 C,除非允许存在一定的差错率。

(2) 当信道的带宽 B 一定时,接收端的信噪比 S/N 越大,其系统的信道容量 C 越大。当噪声功率 N 趋近 0 时,信噪比 S/N 趋近∞,信道容量 C 也趋近∞。

(3) 当接收端的信噪比 S/N 一定时,信道的带宽 B 越大,其系统的信道容量 C 也越大。当信道带宽 B 趋于∞时,信道容量 C 并不趋于∞,而是趋于一个固定值。因为当信道带宽越大时,进入信道中的噪声功率也越大,因而信道容量不可能趋于∞,而只是 S/n_0 的 1.44 倍,如图 1-18 所示。

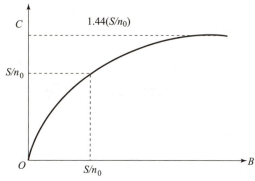

图 1-18 信道容量和带宽关系

(4) 当信道容量 C 一定时，信道带宽 B 与信噪比 S/N 可以互换。比如，可以通过增加系统的传输带宽来降低接收机对信噪比的要求，即以牺牲系统的有效性来换取系统的可靠性，例如在宇宙飞行和深空探测时，接收信号的功率 S 很微弱，就可以用增大带宽 B 和比特持续时间 T_b 的办法，保证对信道容量 C 的要求。同时，这也正是扩频通信技术的理论基础。

【例 1-1】 已知彩色电视图像信号的每帧有 200 万个像素，每个像素有 64 种色彩度，每种色彩度有 16 个亮度等级，图像每秒发送 30 帧，若要求接收图像信噪比达到 30 dB，试求所需传输带宽。

每个像素的信息量为 $6+4=10$（b）（根据 $2^6=64$，$2^4=16$）

每帧图像的信息量为 $10 \times 2\,000\,000 = 2 \times 10^7$（b）

每秒传送 30 帧图像，所以要求信息传输速率 $R_b = 30 \times 2 \times 10^7 = 6 \times 10^8$（b/s）

信道容量 C 必须不小于此 R_b 值。将上述的数值代入 $C = B\log_2(1+S/N)$，其中 30 dB = $10\log_2(S/N)$，得到 $S/N = 1\,000$，$6 \times 10^8 = B\log_2(1+1\,000) \approx 9.97B$

计算得出所需带宽为 $B = (6 \times 10^8)/9.97 \approx 60$ MHz

二维码微课　信道容量

任务思考：除了增加带宽外，4G 和 5G 移动通信中还可使用什么方法增加信道容量呢？

任务 7　通信的性能评价

任务描述

本任务分别对模拟通信系统和数字通信系统的性能指标进行分析和计算。

任务目标

✓ 知识目标：解释码元的定义、可靠性和有效性的定义；分析码元传输速率和信息传输速率的关系。

✓ 能力目标：能够区别模拟通信系统和数据通信系统的性能评价指标。

✓ 素质目标：具备宽容心、善良品格，懂得取舍。

任务实施

衡量一个通信系统性能优劣的基本因素是有效性和可靠性。有效性是指传输定量信息时所占用的信道资源(频带宽度和时间间隔);可靠性是指信道传输信息的准确程度。这两个因素相互矛盾而又相互统一,并且还可以相互转换。

1.7.1 模拟通信系统的性能指标

模拟通信系统的有效性用信号在传输中所占用的传输带宽来表示,传输带宽越窄,有效性越好,反之有效性越差;可靠性用接收端最终输出的信噪比来度量,输出信噪比越高,可靠性越好,反之可靠性越差。

信噪比是输出端信号的平均功率与噪声平均功率比值的简称,用 SNR(signal to noise ratio)或 S/N 表示,它的单位一般使用分贝(dB),其值为 10 倍对数信噪比,即 SNR(dB) $= 10\lg S/N$。

1.7.2 数字通信系统的性能指标

1)数字通信系统有效性指标

数字通信系统的有效性可用码元传输速率、信息传输速率和频带利用率来衡量。

(1)码元传输速率 R_B。

码元传输速率是指单位时间内传送码元的数目,又称为码元速率、波特率或传码率,用符号 R_B 来表示,单位为"波特",常用符号"Baud"表示,简写为"B"。

$$R_B = \frac{1}{T_s}$$

需要注意的是,码元传输速率仅表示每秒钟传输的码元数,只与码元周期有关,而与何种进制的码元无关,码元的进制数取决于发送码元的通信系统。

(2)信息传输速率 R_b。

信息传输速率又称为比特率或传信率,是指每秒钟传送二进制数的位数,单位为比特/秒,简记为 bps 或 b/s。

在二进制通信系统中,每个码元携带 1b 的信息量,因此信息传输速率等于码元传输速率,但两者的单位不同。

在多(M)进制通信系统中,由于每个码元携带 $\log_2 M$ 比特的信息量,因此信息传输速率与码元传输速率的关系式:

$$R_b = R_B \log_2 M$$

(3)频带利用率 η。

在比较不同的数字通信系统有效性时,单看它们的信息传输速率或码元传输速率是不够的,还应考虑传输信息所占用的频带宽度,即频带利用率。它定义为单位频带(1 Hz)内的传输速率,即:

$$\eta_B = \frac{R_B}{B} \text{ Band/Hz}$$

$$\eta_b = \frac{R_b}{B} \text{ bps/Hz}$$

2）数字通信系统可靠性指标

数字通信系统的可靠性常用误码率 P_e 和误比特率 P_b 来衡量。

（1）误码率。

误码率是指接收的错误码元数与传输的总码元数的比值，即

$$P_e = \frac{错误码元数}{传输的总码元数}$$

（2）误比特率。

误比特率是指接收的错误比特数与传输的总比特数的比值，即

$$P_b = \frac{错误比特数}{传输的总比特数}$$

在二进制数字通信系统中，$P_e = P_b$。

二维码微课　通信的性能指标

任务思考：在多进制系统中，比较一下 P_e 和 P_b，哪个大？

项目测验

一、填空题

1. 根据信号因变量的取值是连续还是离散的，信号可分为模拟信号和（　　　　）。
2. 同步传输不是以一个字符为单位而是以一个（　　　　）为单位进行信息传输的。
3. 按具体传输介质的不同，狭义信道可分为有线信道和（　　　　）。
4. 按噪声和信号之间的关系，信道噪声有（　　　　）和乘性噪声。
5. 信道容量是指信道无差错传输信息时的（　　　　）。
6. 衡量一个通信系统性能优劣的基本因素是有效性和（　　　　）。

二、选择题

1. 信号是信息的一种电磁表示方法，它利用某种可以被感知的物理参量，如（　　）等来携带信息。（多项选择题）

　　A. 电压　　　　B. 电流　　　　C. 光波强度　　　　D. 频率

2. 和模拟通信系统相比，数字通信系统主要具有（　　）等优点。（多项选择题）

　　A. 抗干扰能力强　　　　　　　　B. 通信保密性强

C. 易于集成，体积小，质量轻　　　D. 占用带宽小
3. 通信系统的指标主要是从信息传输的（　　）方面来考虑的。（多项选择题）
A. 经济性　　　B. 有效性　　　C. 电磁污染　　　D. 可靠性
4. 在常用的传输媒体中，带宽最宽、信号传输衰减最小，抗干扰能力最强的是（　　）。
A. 光纤　　　B. 双绞线　　　C. 无线信道　　　D. 同轴电缆
5. AWGN 信道中的噪声是以（　　）方式来影响信道中的传输信号。
A. 相减　　　B. 相加　　　C. 相乘　　　D. 相卷积

三、判断题（正确的打√，错误的打×）

（　　）1. 根据信号传输方向与时间的关系，信号的传输方式可分为单工、半双工和全双工。

（　　）2. 由于同步通信的效率高于异步通信，高速数据传输的场合一般选用同步方式。

（　　）3. 无论有无信号，加性噪声始终存在，而乘性噪声却只有当信号存在时才存在。

（　　）4. 码元传输速率一般情况下大于信息传输速率。

（　　）5. 编码信道属于狭义信道。

四、简答题

1. 画出通信系统的一般模型，并简述各组成部分的功能。
2. 按传输信号的特征，通信系统如何分类？
3. 某二进制通信系统的信息传输速率为 2 400 b/s，用四进制和八进制码元传输，其码元传输速率分别是多少？

二维码 – 项目一 – 参考答案

项目二

认识模拟通信时代

知识点思维导图

学习目标思维导图

案例导入

在电影《我和我的祖国》里，住在上海弄堂里的老百姓用半导体收音机收听中国女排夺冠。电台和收音机是全人类共同的记忆，收音机价格便宜，使众多老百姓都能以很少的开销享受无线广播这个"有声世界"的无限精彩。最常见的收音机是调幅和调频收音机。

任务1 调制与解调

任务描述

本任务讲述了调制和解调的地位和作用，并对调制进行分类。

任务目标

- ✓ 知识目标：理解调制、解调的概念和作用，对比不同的调制方式。
- ✓ 能力目标：能够讲述调制信号、载波信号、已调信号三者的关系。
- ✓ 素质目标：养成持之以恒、潜心学习的作风。

🌀 任务实施

2.1.1 调制的概念

所谓调制，就是用待传输的基带信号控制高频载波的某个参数的过程，即将基带信号"附加"到高频载波信号之上的过程。通常，将待传输的基带信号称为调制信号；被调制的高频信号起着运载基带信号的作用，称为载波；调制后所得到的信号称为已调信号（也叫带通信号），显然，它应该包含有基带信号的全部信息。

调制是通过调制器来实现的，调制器的一般模型如图 2－1 所示。

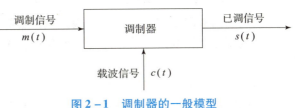

图 2－1　调制器的一般模型

2.1.2 调制在通信过程中的地位和作用

通信系统为什么要进行调制呢？基带信号对载波信号的调制是为了实现下面一个或多个功能：

1) 适合信道传输要求

由信源产生的基带信号，其频谱位于零频附近。然而实际中的大多数信道具有带通型特性，而不能直接传送基带信号。为了使基带信号能够在带通信道中传输，就必须采用调制，调制可以把基带信号频谱搬移到一定的频率范围内，以适应信道的传输要求。

2) 提高无线通信时的天线辐射效率——有效辐射

进行无线通信时，只有当天线的长度 L 与发射信号的波长 λ 相比拟（一般为 $\lambda/4$ 左右）时，信号才能有效地辐射出去。由于基带信号包含有较低的频率分量，其波长较长，致使天线过长而难以实现。

调制可以将低频的基带信号变换成高频信号。例如，对于 3 kHz 的音频基带信号，若要直接进行无线传输，需要的天线约为 25 km，显然，这是难以实现的。但通过调制，将基带信号的频谱搬移至 30 MHz，则只需 2.5 m 的天线就可以实现有效辐射。

3) 实现信道的多路复用——提高信道利用率

基带信号的带宽与信道本身的带宽相比，一般来说是很小的。所以一个信道只传输一路信号是很浪费的，但是如果不经过变换就同时传输多路信号，则会引起相互之间的干扰。解决办法之一就是通过调制将各个基带信号的频谱分别搬移到不同的频带上，然后将它们合在一起送入同一个信道传输。这样就可以实现同一信道同时传输多路信号，即信道的多路复用，从而提高信道的利用率。

4) 减少噪声和干扰的影响——提高系统抗干扰能力

通信系统中噪声和干扰的影响不可能完全消除，但是可以通过选择适当的调制方式来减小它们造成的影响。不同的调制方式，在提高传输的有效性和可靠性方面各有优势。例如利用调制使已调信号的传输带宽远大于基带信号的带宽，用增加带宽（扩频）的方法换取噪声影响的减小，这是通信系统设计的一个重要内容。像调频信号的传输带宽比调幅信号的传输带宽要宽得多，结果是提高了输出信噪比，减小了噪声的影响。

2.1.3 调制的分类

调制的本质是频谱搬移，这一过程靠调制器完成。也就是说，调制有三个基本要素：调制信号、高频载波信号和调制器。根据这三者的不同可以将调制分为以下几种：

1）根据调制信号不同的分类

根据调制信号的不同，调制可分模拟调制和数字调制。

模拟调制是指调制信号是幅度连续变化的模拟量；数字调制是指调制信号是幅度离散的数字量。

2）根据载波信号不同的分类

根据载波信号的不同，调制可分连续波调制和脉冲调制。

连续波调制是指以高频正弦波作为载波的调制方式；脉冲调制是指以周期性脉冲序列（串）作为载波的调制方式（理想情况下为一个理想冲击序列）。

3）根据载波受控制参数不同的分类

载波参数有幅度、频率和相位，因此调制可分为幅度调制、频率调制和相位调制。

（1）幅度调制。载波信号的幅度随调制信号的变化而变化。比如常规幅度调制（AM）、脉冲振幅调制（PAM）、幅移键控（ASK）等。

（2）频率调制。载波信号的频率随调制信号的变化而变化。比如频率调制（FM）、脉冲频率调制（PFM）、频移键控（FSK）等。

（3）相位调制。载波信号的相位随调制信号的变化而变化。比如相位调制（PM）、脉冲相位调制（PPM）、相移键控（PSK）等。

4）根据调制器的传输函数

根据调制器的传输函数，调制可分线性调制和非线性调制。

线性调制是指输出的已调信号的频谱与输入基带信号的频谱之间是线性关系，即仅仅是频谱的平移和线性变换，如各种幅度调制、幅移键控。

非线性调制是指输出的已调信号的频谱与输入基带信号的频谱之间无线性对应关系，即在输出端已调信号的频谱已不再是原来基带信号的谱形，如频率调制、相位调制、相移键控等。

二维码微课　调制与解调

任务思考：哪一种传输系统不需要调制？

任务 2　AM 调制

任务描述

本任务主要介绍常规 AM 的原理及特点。

任务目标

✓ 知识目标：解释线性调制，写出 AM 的数学表达式，分析 AM 满调幅、正常调幅、过调幅的波形图。
✓ 能力目标：能够讲述 AM 的特点及应用场景。
✓ 素质目标：具有社会责任感和奉献精神。

任务实施

在模拟调制系统中，幅度调制（amplitude modulation，AM）是最早开始使用的调制技术，它的优势就是无论调制还是解调，从技术上实现都非常简单；当然它也存在一些缺点，比如抗噪声性能差，发射机的功率利用率低。但是 AM 以简单的技术和作为最早被确定的调制方式一直被广泛使用。现在仍然在使用 AM 制式的领域有高频信号的广播、VHF 频带的航空通信及民用通信等。

幅度调制的过程就是高频正弦波的幅度随调制信号做线性变化的过程。幅度调制是一种线性调制，其线性的含义是指已调信号的频谱与基带信号的频谱之间呈线性搬移关系。

幅度调制分为常规双边带调制（DSB）、抑制载波双边带调制（DSB-SC）、单边带（SSB）调制和残留边带（VSB）调制。

2.2.1　AM 调制系统的数学模型和系统框图

若调制信号为 $m(t)$，已调信号为 $s(t)$，则常规双边带幅度调制的数学模型为

$$s(t) = [m(t) + A_0]\cos(\omega_c t)$$

式中，A_0 为外加的直流分量，且应满足 $A_0 \geq |m(t)|_{max}$ 条件。

AM 调制系统的框图如图 2-2 所示。

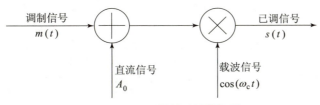

图 2-2　AM 调制系统的框图

2.2.2　AM 信号时域的波形和频域的频谱

AM 信号时域的波形和频域的频谱如图 2-3 所示。

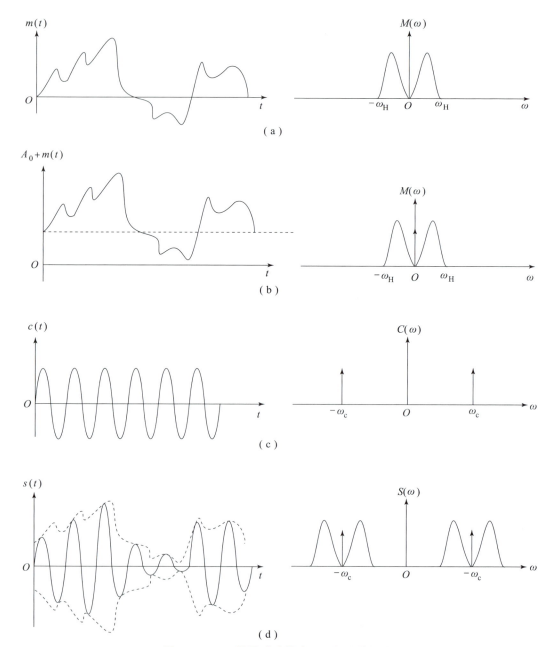

图 2-3　AM 信号时域的波形和频域的频谱
（a）调制信号时域波形及其频谱结构；（b）加入直流分量后的调制信号时域波形及其频谱结构；
（c）调制载波时域波形及其频谱结构；（d）AM 调幅信号时域波形及其频谱结构

由时域的波形和频域的频谱结构，可以看到：

（1）由于满足 $A_0 \geq |m(t)|_{max}$ 条件，AM 信号的包络与调制信号 $m(t)$ 具有线性关系，即 AM 的包络完全反映了调制信号的变化规律。因此，用包络检波的方法很容易恢复原始的调制信号。

（2）AM 信号的频谱结构与调制信号完全相同，只是信号频谱的位置发生了变化，因此，AM 调制属于线性调制。

（3）AM 信号的频谱由上边带、下边带和载波分量（ω_c 处）三部分组成。上、下两个边带的结构是完全对称的，因此，无论是上边带还是下边带，都包含有原调制信号的完整信息。但 ω_c 处的冲激与调制信号无关，即不携带调制信号的信息，但是要消耗大量功率；当满调幅的时候，载波所占用的功率有 2/3，只有 1/3 是携带信息的。所以从功率利用率的角度来说，AM 是很不经济的，所以 AM 在收音机中还存在，但在通信领域已被其他技术所代替。

（4）AM 信号的带宽是调制信号带宽的 2 倍。

AM 调制的优点是系统结构简单，价格低廉，所以至今仍广泛用于无线电广播。

二维码微课　AM 调制

任务思考：AM 的缺点有哪些？

任务 3　DSB 调制及 SSB 调制

任务描述

本任务主要介绍双边带（double side band, DSB）调制及单边带（single side band, SSB）调制的调制原理。

任务目标

✓ 知识目标：写出 DSB 调制的数学表达式，分析并比较 DSB 及 SSB 调制的波形特点及频谱图。

✓ 能力目标：能够讲述实现 SSB 调制的技术及特点。

✓ 素质目标：具有精益求精的精神。

任务实施

如前所述，常规双边带调幅系统的已调信号由载波分量和边带分量组成，其中载波分量需要消耗大量的功率但却不携带调制信号的任何信息,为了节省发射功率,在发送端将已调信号中的载波分量抑制掉,这就成了抑制载波的双边带调幅。由于在常规双边带已调信号中的载波分量与调制时的直流分量有关,故抑制载波双边带调幅系统在进行调制时只要消除直流分量,便可以达到抑制载波的目的。

2.3.1 DSB 调制

1) DSB 调制系统的数学模型和系统框图

若调制信号为 $m(t)$,已调信号为 $s(t)$,则抑制载波双边带幅度调制的数学模型为

$$s(t) = m(t)\cos(\omega_c t) \quad (2-1)$$

抑制载波双边带幅度调制系统的系统框图如图 2-4 所示。

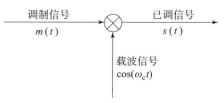

图 2-4 DSB 调制系统的框图

2) DSB 信号时域的波形和频域的频谱

DSB 信号时域的波形和频域的频谱如图 2-5 所示。

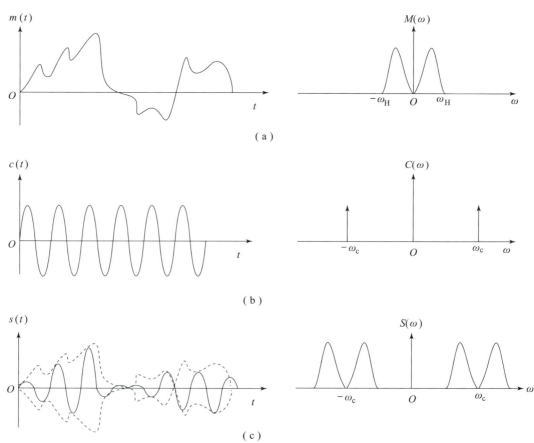

图 2-5 DSB 信号时域的波形和频域的频谱

(a) 调制信号时域波形及其频谱结构;(b) 调制载波时域波形及其频谱结构;(c) DSB 信号时域波形及其频谱结构

由时域的波形和频域的频谱结构,可以看到:

(1) DSB 信号波形的包络不再与调制信号 $m(t)$ 呈线性关系，而是按 $|m(t)|$ 的规律变化（即当调制信号 $m(t)$ 改变极性时，已调信号将出现反相点）。因此接收端不能用包络检波来恢复原始的调制信号。

(2) 与 AM 信号的频谱相比，DSB 信号的频谱没有载波分量，仅由上边带和下边带组成，故 DSB 信号是不带载波的双边带信号，其调制效率为 100%，即全部功率都用于信息传输，但是 DSB 信号的传输带宽仍是调制信号带宽的 2 倍，即与 AM 信号的带宽相同。

(3) DSB 信号的频谱结构与调制信号完全相同，区别仅是信号的频谱位置不同，因此，DSB 调制也为线性调制。

在 DSB 信号中，由于其上、下两个边带是完全对称的，并且都携带了调制信号的全部信息，因此仅传输其中的一个边带即可。这样既节省发送功率，还可节省一半传输频带，这种只传输一个边带（上边带或下边带）的调制方式称为单边带调制。

2.3.2 SSB 调制

1) 滤波法及 SSB 信号的频域表示

单边带信号可通过滤波法来实现，即先将调制信号按照抑制载波双边带的方式进行调制，然后利用滤波器滤除抑制载波双边带中的某一个边带，从而得到单边带调幅信号，其调制原理框图如图 2-6 所示。

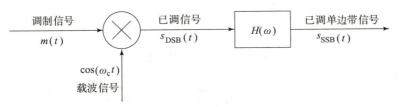

图 2-6 滤波法 SSB 信号调制器

若 $H(\omega)$ 具有如图 2-7 中实线所示的理想低通特性或高通特性，则可得到下边带（LSB）或上边带（USB）信号。

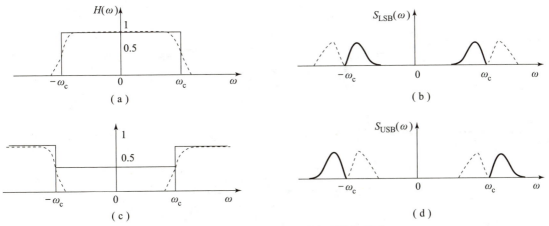

图 2-7 滤波法形成单边带信号的频谱图
(a) 低通特性；(b) 下边带信号；(c) 高通特性；(d) 上边带信号

滤波法的技术难点是边带滤波器的制作,因为实际滤波器都不具有如图 2-7 实线所示的理想特性,即在载频 f_c 处不具有陡峭的截止特性,而是有一定的过渡带。幸好有些信号的低频分量不多,如语音信号频谱范围为 300~3 400 Hz,如果载频 f_c 不太高,对语音 DSB-SC 频谱要抑制掉一个边带时,因其下边带距载频 f_c 有 300 Hz 空隙,在 600 Hz 过渡带与不太高的载频情况下,实际滤波器可以较为准确地实现 SSB 信号,传统的载波电话就采用了这种方式实现 SSB 信号。

但当调制信号中含有直流及低频分量时,比如图像信号,滤波法就不再适用了,而只能使用相移法。

DSB 和 SSB 微课二维码

2)相移法及 SSB 信号的时域表示

相移法的原理是利用相移网络对载波和调制信号进行适当的相移,以便在合成过程中将其中的一个边带抵消而获得 SSB 信号。它的推导过程见下面的微视频。在相移法中,需要将基带信号的所有频率分量都移相 π/2,而幅度保持不变,这一点在实际中很难做到,尤其是对于较低的基带频带。综上所述,SSB 信号的实现比 AM、DSB 要复杂,但在传输信息时,SSB 不仅可节省发射功率,而且它所占用的频带宽度比 AM、DSB 少了 1/2,因此它在短波通信和多路载波电话等频谱拥挤的场合获得了广泛应用。

使用相移法实现 SSB(微视频二维码)

任务思考:与 AM 调制相比,DSB 调制的效率是多少?

任务 4　VSB 调制

任务描述

本任务主要介绍残留边带(vestigital side band,VSB)调制的调制原理。

项目二 认识模拟通信时代

🌀 任务目标

- ✓ 知识目标：解释 VSB 调制，认识 VSB 调制频谱图。
- ✓ 能力目标：能够分析 VSB 调制中滤波器制作的特点。
- ✓ 素质目标：具备创新思维能力。

🌀 任务实施

VSB 调制是介于 SSB 调制与 DSB 调制之间的一种折中方式，它既克服了 DSB 信号占用频带宽的缺点，又解决了 SSB 信号实现中的困难。

在这种调制方式中，不像 SSB 调制中那样完全抑制 DSB 信号的一个边带，而是逐渐切割，使其残留一小部分，如图 2-8 所示。

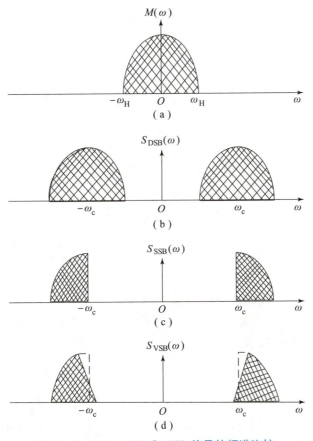

图 2-8　DSB、SSB 和 VSB 信号的频谱比较

用滤波法实现 VSB 调制的原理框图与图 2-6 基本相同。不过，滤波器的特性 $H(\omega)$ 应按 VSB 调制的要求来进行设计，而不再要求十分陡峭的截止特性，因而它比单边带滤波器

37

容易制作。

VSB 调制在节省带宽方面几乎与 SSB 系统相同,并具有良好的基频基带特性,因此,对于电视信号或低频分量丰富的信号,采用 VSB 调制是一种标准的办法。VSB 滤波器比要求具有陡峭截止特性的 SSB 滤波器简单得多。可以说,VSB 调制综合了 SSB 调制和 DSB 调制的优点,消除了它们的缺点。

传统的模拟电视节目从节目制作到信号传递,再到电视接收都采用模拟信号。我国分配给电视信号传递的信道带宽为 8 MHz。由于图像信号的频带很宽,因此采用 DSB 传输是很浪费的,又因为视频信号中含有丰富的低频分量,使得 SSB 滤波器难以实现,因此 VSB 传输就成为较好的选择。

VSB 调制(微视频二维码)

任务思考:为什么会出现 VSB 调制方式?

任务 5　线性调制的解调

任务描述

本任务主要介绍线性调制(幅度调制)的解调方式。

任务目标

- ✓ 知识目标:分析包络检波、相干解调的原理。
- ✓ 能力目标:能够解释包络检波、相干解调在线性调制中的应用。
- ✓ 素质目标:养成自省、自律、自重的品格。

任务实施

解调是调制的逆过程,其作用是从接收的已调信号中恢复出原始的基带信号(即调制信号)。解调方式有两种:相干解调(又叫同步检波)和非相干解调(又叫包络检波)。相干解调适用于所有幅度调制信号的解调,非相干解调一般只适用于 AM 信号。

2.5.1 相干解调

相干解调的实质与调制一样，均是实现信号的频谱搬移。调制是把基带信号的谱搬到了载频位置，解调则是调制的反过程，即把位于载频位置的已调信号的谱搬回到原始基带位置。因此相干解调器可用相乘器与相干载波（与发端载波严格同频同相）相乘来实现。相干解调器的一般模型如图 2-9 所示。

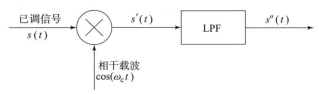

图 2-9 相干解调器的一般模型

1) AM 信号的解调

由于 AM 信号的表达式为

$$s(t) = [m(t) + A_0]\cos(\omega_c t) \quad (2-2)$$

将 $s(t)$ 与同频同相的 $\cos(\omega_c t)$ 相乘后可得

$$s'(t) = s(t)\cos(\omega_c t) = [m(t) + A_0]\cos^2(\omega_c t)$$
$$= \frac{1}{2}A_0 + \frac{1}{2}m(t) + \frac{1}{2}A_0\cos(2\omega_c t) + \frac{1}{2}m(t)\cos(2\omega_c t) \quad (2-3)$$

上式中包含直流分量 $\frac{1}{2}A_0$、调制信号 $\frac{1}{2}m(t)$、载波的二次谐波分量 $\frac{1}{2}A_0\cos(2\omega_c t)$ 及位于 $\pm 2\omega_c$ 附近的边带分量 $\frac{1}{2}m(t)\cos(2\omega_c t)$。其中，只有直流分量和调制信号才能够通过低通滤波器 LPF，故解调器的输出为

$$s''(t) = \frac{1}{2}A_0 + \frac{1}{2}m(t) \quad (2-4)$$

通过"隔直通交"的电容后，即可得到无失真的调制信号 $m(t)$。

AM 相干解调的时域波形与频谱结构如图 2-10 所示。

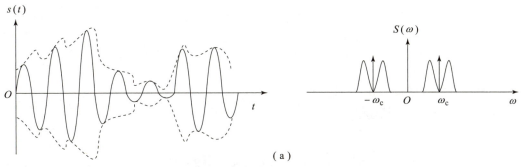

(a)

图 2-10 AM 相干解调的时域波形与频谱结构示意图
(a) 进入解调器之前的调幅信号波形及频谱

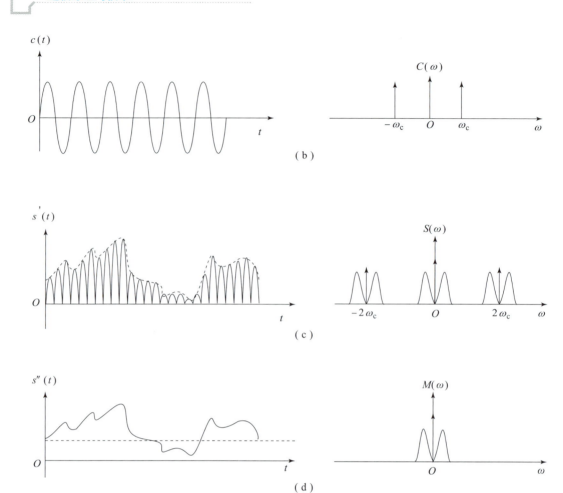

图 2-10 AM 相干解调的时域波形与频谱结构示意图（续）
（b）相干载波信号波形及频谱；（c）模拟乘法器输出信号波形及频谱；
（d）低通滤波器输出信号波形及频谱；（e）去除直流恢复的调制信号波形及频谱

2）DSB 信号的解调

DSB 信号的相干解调情况和调幅信号的解调基本相同，只是此时 $A_0 = 0$，故式（2-3）可写成

$$s'(t) = \frac{1}{2}m(t) + \frac{1}{2}A_0\cos(2\omega_c t) \qquad (2-5)$$

上式中包含调制信号 $\frac{1}{2}m(t)$、位于 $\pm 2\omega_c$ 附近的边带分量 $\frac{1}{2}m(t)\cos(2\omega_c t)$，因此通过

低通滤波器 LPF 的输出为

$$s''(t) = \frac{1}{2}m(t) \tag{2-6}$$

这就是 DSB 信号相干解调后恢复的调制信号。

2.5.2 非相干解调（包络检波）

所谓非相干解调，就是在接收端解调已调信号时不需要相干载波，而是利用已调信号的包络信息来恢复原来的调制信号。

最常用的非相干解调器是包络检波器。所谓包络检波器就是这样一种电路：当其输入端加有已调信号时，其输出信号正比于输入信号的包络。在幅度调制系统中，由于只有 AM 信号的包络与基带信号成正比，因此，包络检波器只对 AM 信号的非相干解调适用。

图 2-11 为包络检波器的具体电路，它由二极管 VD、电阻 R 和电容 C 组成。其工作原理是：在输入信号的正半周期时，二极管正偏，电容 C 充电并迅速达到输入信号的峰值；当输入信号低于这个峰值时，二极管进入反偏状态，电容 C 通过负载电阻缓慢地放电，放电过程将一直持续到下一个正半周期；当输入信号大于电容两端的电压时，二极管再次导通，将重复以上过程。

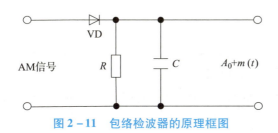

图 2-11　包络检波器的原理框图

需要注意的是，RC 应满足条件

$$\omega_m \ll \frac{1}{RC} \ll \omega_c \tag{2-7}$$

此时，包络检波器的输出与输入信号的包络十分相近，即

$$s''(t) \approx A_0 + m(t) \tag{2-8}$$

其中，$A_0 \geq |m(t)|_{max}$，隔去直流后就得到原始的调制信号 $m(t)$。

包络检波器的优点是：电路简单、效率高，特别是接收端不需要与发送端同频同相位的载波信号，大大降低实现难度。故几乎所有的调幅（AM）接收机都采用这种电路。

线性调制的解调（微视频二维码）

任务思考：AM 调制的收音机当时因为价格便宜而非常流行，价格便宜的根本原因是什么？

任务 6 角度调制

任务描述

本任务讲述角度调制与解调原理，包括相位调制 PM 和频率调制 FM。

任务目标

- 知识目标：理解角度调制概念，写出角度调制的数学表达式。
- 能力目标：能够解释 FM 与 PM 的内在关系。
- 素质目标：具备举一反三的学习能力。

任务实施

在调制时，若载波的频率随调制信号变化，则称为频率调制（FM）；若载波的相位随调制信号变化，则称为相位调制（PM）。在这两种调制过程中，载波的幅度都保持恒定不变，由于频率和相位的变化都可以看成载波角度的变化，故调频和调相又统称为角度调制，也称为非线性调制。

2.6.1 频率和相位的关系

从物理学的角度看，频率就是运动的快慢，相位就是出现的迟早。想象一下两个人围着一个圆形场地跑步，离起跑点的圆弧距离是运动位置与起跑点所夹圆心角的函数，这个夹角就是相位，而一定时间所跑圈数就是频率。如果两人速度相同（即频率相同），则两人之间的距离是始终不变的，也就是相位差是一定的，这个相位差大小取决于后跑者比先跑者延后起跑的时间；如果两人速度不同，则两人之间的距离（相位差）不断变化。可见频率和相位是描述角度的两个主要参数，它们之间存在内在联系，并且频率和相位的变化都表现为瞬时相位的变化。从数学的角度看，相位是频率的积分，或者说频率就是相位的微分。

鉴于在实际应用中频率调制得到广泛采用，因而本节主要讨论频率调制。

2.6.2 角度调制的基本概念

调频信号和调相信号可统一表示为瞬时相位 $\theta(t)$ 的函数，即：

$$s(t) = A\cos[\theta(t)] \tag{2-9}$$

根据前面对调频的定义,调频系统中载波信号的频率增量将和调制信号 $m(t)$ 成比例,即:

$$\Delta\omega = K_{FM}m(t) \tag{2-10}$$

故调频信号的瞬时角频率 $\omega(t)$ 为

$$\omega(t) = \omega_c + \Delta\omega = \omega_c + K_{FM}m(t) \tag{2-11}$$

式中,K_{FM} 为频偏指数(调频灵敏度),它完全由电路参数确定。由于瞬时角频率 $\omega(t)$ 和瞬时相位 $\theta(t)$ 之间存在如下关系:

$$\omega(t) = \frac{d\theta(t)}{dt} \tag{2-12}$$

因此,可求得此时的瞬时相位 $\theta(t)$ 为

$$\theta(t) = \omega_c t + K_{FM}\int m(t)dt \tag{2-13}$$

故调频信号的时域表达式为

$$s_{FM}(t) = A\cos\left[\omega_c t + K_{FM}\int m(t)dt\right] \tag{2-14}$$

同理,调相系统中载波信号的相位增量将和调制信号 $m(t)$ 成比例,即:

$$\Delta\theta = K_{PM}m(t) \tag{2-15}$$

式中,K_{PM} 为相偏指数(调相灵敏度),它由电路参数确定。故调相信号的时域表达式为

$$s_{PM}(t) = A\cos\left[\omega_c t + K_{PM}m(t)\right] \tag{2-16}$$

由式(2-14)和式(2-16)可见,FM 与 PM 的区别仅在于,FM 的相位偏移随调制信号 $m(t)$ 的积分作线性变化,而 PM 的相位偏移随 $m(t)$ 作线性变化。这说明,FM 与 PM 之间存在内在联系,即微积分关系。

如果将调制信号先微分,而后进行调频,则得到的是调相波,这种方式称为间接调相;如果将调制信号先积分,而后进行调相,则得到的是调频波,这种方式称为间接调频,如图 2-12 所示。

图 2-12 FM 与 PM 之间的关系图

2.6.3 FM 信号的频谱和带宽

角度调制属于非线性调制,已调信号的频谱不再是基带信号频谱的简单搬移,频谱分析比较复杂,有兴趣的同学可以找相关书籍学习。这里主要分析和计算 FM 的带宽。

假设调制信号是单频信号,表达式为

$$m(t) = A_m\cos(2\pi f_m t) \tag{2-17}$$

将上式代入式(2-14)中 FM 信号的表达式,得到:

$$s_{FM}(t) = A[\cos(\omega_c t) + K_{FM}A_m\int\cos(\omega_m\tau)d\tau] \tag{2-18}$$

$$= A[\cos(\omega_c t) + \beta_{FM}\sin(\omega_m t)]$$

式中 β_{FM} 为调频指数。它是关乎调频系统性能的一个重要参数,且有:

$$\beta_{FM} = \frac{K_{FM} \cdot A_m}{\omega_m} = \frac{\Delta\omega_m}{\omega_m} = \frac{\Delta f_m}{f_m}$$

式中 Δf_m 为调频过程中的最大频偏，f_m 为调制频率。

可以证明，调频信号 FM 的带宽 B_{FM} 为

$$B_{FM} = 2(\beta_{FM} + 1)f_m = 2(\Delta f + f_m) \tag{2-19}$$

式中 f_m 为调制信号的带宽。式（2-19）是用于计算信号带宽的卡森公式。

频率调制与幅度调制相比，最突出的优势是其具有较高的抗噪声性能。然而有得就有失，获得这种优势的代价是角度调制占用比幅度调制信号更宽的带宽。这一点从式（2-19）可以看出。

【例 2.1】已知载波信号频率为 100 MHz，调制信号为

$$m(t) = 20\cos(2\pi) \times 10^5 t \text{ (V)}$$

设调频灵敏度 $K_{FM} = 50\pi \times 10^3$ rad/V。
（1）试确定已调信号的带宽；
（2）若调制信号的幅度加倍，则已调信号的带宽为多少？

$$\beta_{FM} = \frac{K_{FM} \cdot A_m}{\omega_m} = \frac{\Delta\omega_m}{\omega_m} = \frac{\pi \times 10^6}{2\pi \times 10^5} = 5$$

$$B_{FM} = 2(\beta_{FM} + 1)B = 1.2 \times 10^6 \text{ Hz} = 1.2 \text{ MHz}$$

（3）若调制信号的幅度加倍，则

$$\beta_{FM} = \frac{K_{FM} \cdot A_m}{\omega_m} = \frac{\Delta\omega_m}{\omega_m} = \frac{2\pi \times 10^6}{2\pi \times 10^5} = 10$$

所以

$$B_{FM} = 2(\beta_{FM} + 1)B = 2.2 \times 10^6 \text{ Hz} = 2.2 \text{ MHz}$$

2.6.4 调频和调相波形比较

复杂信号调制的 PM 信号波形和 FM 信号波形难以绘出，图 2-13 画出了以单频信号作为调制信号时调相信号和调频信号波形图。

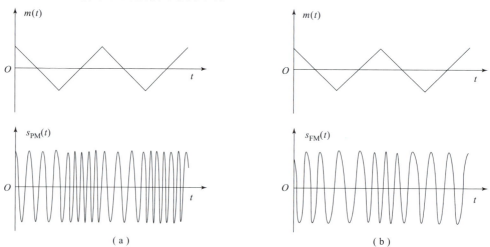

图 2-13 PM 与 FM 信号波形比较
（a）PM 信号波形示例；（b）FM 信号波形示例

从图 2-13 中可以发现，单纯从已调信号的波形上不能区分 FM 和 PM 信号，二者的区别在于 FM 信号的频率（载波疏密程度）的变化规律直接反映了 $m(t)$ 的变化规律，而 PM 信号的频率变化规律反映了信号斜率（对信号的微分）的变化规律。

2.6.5 FM 信号的产生与解调

1）FM 信号的产生

产生调频信号一般有两种方法：一种是直接调频法，另一种是间接调频法。直接调频法是利用压控振荡器（voltage controlled oscillator, VCO）作为调制器，调制信号直接作用于压控振荡器，使其输出频率随调制信号变化而变化的等幅振荡信号；间接调频法不是直接用调制信号去改变载波的频率，而是先将调制信号积分再进行调相，继而得到调频信号。

• 直接法

直接调频法的原理如图 2-14（a）所示。其原理十分简单，它是由输入的基带信号 $m(t)$ 直接改变电容-电压或电感-电压可变电抗元件的电容值或电感值，使载频振荡器的调谐回路参数改变，从而使输出频率随输入信号 $m(t)$ 成正比的变化。受外部电压控制振荡频率的振荡器称为压控振荡器（VCO），每个 VCO 自身就是一个 FM 调制器。

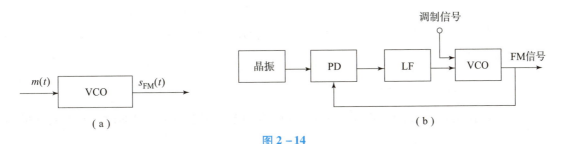

图 2-14
(a) 直接调频法；(b) 锁相环（PLL）调制器

直接调频法的优点是能得到很大的频率偏移，其缺点是载频会发生飘移，因而需要附加稳频电路。应用如图 2-14（b）所示的锁相环调制器，就可以获得高质量的 FM 或 PM 信号。

• 间接法

间接法是先对调制信号积分，后对载波进行相位调制，从而产生窄带调频信号（NBFM）。然后，得用倍频器（目的是提高调频指数），从而获得宽带调频（WBFM），其原理框图如图 2-15 所示，这个方法是由阿姆斯特朗于 1930 年提出的，这个方法的提出使调频技术得到很大发展。间接法的优点是频率稳定度好，缺点是需要多次倍频和混频，因此电路比较复杂。

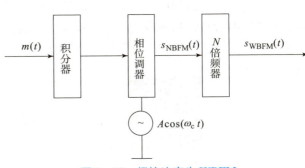

图 2-15 间接法产生 WBFM

2）FM 信号的解调

角度调制与幅度调制一样需要用解调器进行解调，但一般把调频信号的解调器称为鉴频器，把调相信号的解调器称为鉴相器。

调频信号的解调方法通常也有两种，一种是相干解调，另一种是非相干解调，实际中多采用非相干解调。非相干解调器也有两种形式：一种是鉴频器，另一种是锁相环解调器。这里只介绍鉴频器。

调频信号的非相干解调原理框图如图 2-16 所示，主要由限幅带通滤波器、鉴频器和低通滤波器组成，其中鉴频器包括微分器和包络检波器两部分。

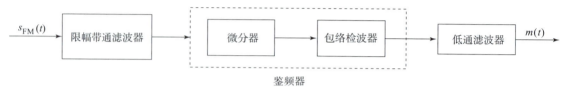

图 2-16　调频信号的非相干解调原理框图

假设输入的调频信号是

$$s_{\text{FM}}(t) = A\cos\left[\omega_c t + K_{\text{FM}}\int m(t)\,\text{d}t\right]$$

输入信号 $s_{\text{FM}}(t)$ 经过限幅及带通滤波器后，滤除信道中的噪声和其他干扰，送入微分器进行微分处理而变成 $s_d(t)$。

$$s_d(t) = -A\cos\left[\omega_c t + K_{\text{FM}}\int m(t)\,\text{d}t\right]\sin\left[\omega_c t + K_{\text{FM}}\int m(t)\,\text{d}t\right]$$

微分器的作用是把幅度恒定的调频波变成幅度和频率都随调制信号 $m(t)$ 变化的调幅调频波，其幅度是按 $A\cos\left[\omega_c t + K_{\text{FM}}\int m(t)\,\text{d}t\right]$ 的规律而变化，其包络信息正比于调制信号 $m(t)$。经包络检波，再经过低通滤波器后，滤除基带信号以外的噪声，输出 $m(t)$。

$$m(t) = K_d K_{\text{FM}} m(t)$$

式中 K_d 称为鉴频器灵敏度。

需要注意的是，调频信号 $s_{\text{FM}}(t)$ 在进入鉴频器之前，经过了一个限幅带通滤波器，这是非常必要的。因为调频信号在经过信道传输到达接收端的解调器时，必定会受到信道中噪声和信道衰减的影响，从而造成到达接收端的调频信号幅度不再恒定，如果不经过限幅的过程，这种幅度里面的噪声将通过包络检波器被解调出来。

角度调频（微视频二维码）

宽带调频（微视频二维码）

任务思考：为什么角度调制叫作非线性调制？

任务 7　各种模拟调制系统的性能比较

🔹 任务描述

本任务讲述了各种模拟调制系统的性能及应用场合。

🔹 任务目标

- ✓ 知识目标：对比各类模拟调制的抗噪声能力及频带利用率，解释频分复用。
- ✓ 能力目标：能够区分各类模拟调制的优缺点及各自的应用。
- ✓ 素质目标：具备创新思维能力。

🔹 任务实施

不同的调制方式，在提高传输的有效性和可靠性方面各有优势。为了便于在实际中合理地选用以上介绍的各种模拟调制系统，下面简单介绍各模拟调制系统的有效性和可靠性。

2.7.1　传输带宽

传输带宽是系统有效性能的衡量指标，表 2-1 归纳列出了各种调制系统的传输带宽、设备复杂程度和主要应用。由表 2-1 可知，SSB 调制的有效性能最好，而 FM 系统的有效性能最差。

表 2-1　各种模拟调制系统的性能比较

调制方式	传输带宽	设备复杂程度	主要应用
AM	$2B$	简单	中短波无线电广播
DSB	$2B$	中等	应用较少
SSB	B	复杂	短波无线电广播、语音频分复用、载波通信、数据传输
VSB	略大于 B	复杂	商用电视广播
FM	$2(\beta_{FM}+1)B$	中等	超短波小功率电台、调频立体声广播

2.7.2 抗噪声性能

图 2-17 画出了各种模拟调制系统的抗噪声性能曲线,图中的圆点表示门限点。门限点以下,曲线迅速下跌;门限点以上,DSB-SC、SSB 的信噪比比 AM 高 4.7 dB 以上,而 FM ($\beta_{FM}=6$) 的信噪比比 AM 高 22 dB,而且调频指数 β_{FM} 越大,调频系统的抗噪声性能越好。

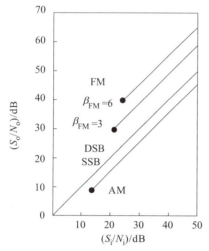

图 2-17 各种模拟调制系统的抗噪声性能曲线图

模拟调制系统的性能分析(微视频二维码)

2.7.3 频分多路复用

将多路消息信号按某种方法合并为一个复合信号,共同在一条信道上进行传输的技术称为多路复用或复用(multiplexing)。基本的多路复用方法有 3 种:频分复用(FDM)、时分复用(TDM)和码分复用(CDM)。FDM 是最基本的一种,它大量地用于模拟与数字通信系统,而 TDM 与 CDM 仅用于数字系统,将在后面相关章节中介绍。

FDM 通过调制技术与带通滤波器来完成。发送端用不同频率的载波调制各个信号,使它们的频谱搬移到彼此相邻但又互不重叠的频带上,叠加后便形成了复合信号,如图 2-18 (a)所示。接收端用不同频率位置的带通滤波器获取各个信号频谱,而后解调还原相应的消息,如图 2-18(b)所示。合并信号的过程称为复用或复接,分离信号的过程称为解复用或分接。

任务思考: 模拟调制目前还有生命力吗?为什么要讲述模拟调制呢?

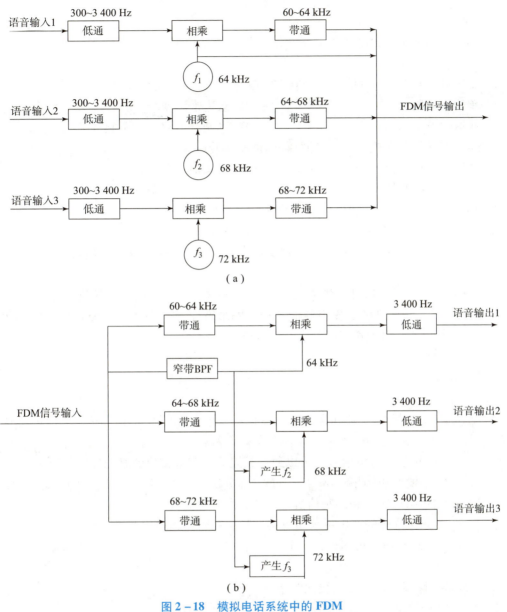

图 2-18 模拟电话系统中的 FDM
（a）发送端原理框图；（b）接收端原理框图

项目测验

一、填空题

1. 调制的本质是（　　　　）。

2. 幅度调制是用调制信号去控制正弦载波的（　　　　），使其按调制信号作线性变化的过程。

3. 单边带调制分上边带调制和（　　　　）。

4. （　　　　）解调适用于所有幅度调制信号的解调，（　　　　）解调一般只适用于 AM 信号的解调。

5. AM、DSB-SC、SSB 等都属于线性调制，FM 和 PM 属于（　　　　）。

二、选择题

1. 仅利用一个连带传输信息的调制方式就是（　　　　），简称 SSB。
   A. 单边带调制　　　　　　　　　B. 双边带调制
   C. 残留边带调制　　　　　　　　D. 抑制载波双边带调制

2. 将单频信号 $f(t)$（　　　　），即可得到调相信号。
   A. 先微分，再调幅　　　　　　　B. 先调幅，再微分
   C. 先积分，再调频　　　　　　　D. 先微分，再调频

3. AM 信号的带宽是调制信号带宽的（　　　　）倍。
   A. 1　　　　　B. 2　　　　　C. 3　　　　　D. 4

4. 调制就是使调频信号的某个参数如（　　　　）随调制信号发生相应变化。（多项选择题）
   A. 时间　　　　B. 频率　　　　C. 幅度　　　　D. 相位

5. 调频系统由于优良的抗噪声性能和较高的带宽要求，常用于高质量要求的远距离通信系统，如（　　　　）（多项选择题）
   A. 微波接力　　　　　　　　　　B. 卫星通信系统
   C. 调频广播系统　　　　　　　　D. 民用收音机系统

三、判断题

（　　）1. DSB 信号的调制效率可达 100%，包络检波法和相干解调法均可实现有效解调。

（　　）2. FM 是恒包络信号，可以通过载波的疏密来反映消息信号。

（　　）3. 常规双边带调制 AM 当叠加的直流分量 A 和调制信号 $f(t)$ 之间满足 $A+f(t) \geq 0$ 时，已调信号的包络形状将和调制信号不一致，即发生失真。

（　　）4. 调频信号的产生可采用直接调频法和间接调频法两种。

（　　）5. AM 广播的可靠性比 FM 广播高，AM 广播的有效性比 FM 广播好。

四、简答题

1. 什么是线性调制？常见的线性调制有哪些？
2. 什么是频率调制？什么是相位调制？两者的关系如何？
3. 什么是频分复用？
4. SSB 信号的产生方法有哪些？各有什么技术难点？
5. 比较调幅系统和调频系统的抗噪声性能。

二维码-项目二-参考答案

项目三

分析模数转换的模拟信号数字化技术

知识点思维导图

学习目标思维导图

案例导入

1970 年，法国开通了世界上第一部程控数字交换机。1982 年，中国第一套万门程控电话交换系统在福州开通，一夜之间，福州的电话通信水平实现了历史性跨越，从第二代步进制直接跃升到国际上还没有普遍采用的第五代全数字程控交换。我国的通信业"三步并作一步走"，走上了高起点、跨越式的发展道路，避免了资源的浪费，实现了质的飞越，20 世纪 80 年代兴起了私人用户安装固定电话热。

任务 1　抽样定理

任务描述

本任务主要介绍模拟信号数字化技术的第一个步骤——抽样，重点讲述低通抽样定理。

任务目标

- ✓ 知识目标：理解信源编码作用，解释奈奎斯特抽样定理。
- ✓ 能力目标：能够讲述模拟信号数字化的三个步骤。
- ✓ 素质目标：具备创新思维能力。

任务实施

3.1.1 信源编码的概念

数字通信系统由于具有许多优点而成为当今通信的发展方向。然而日常生活中大部分信号都是模拟信号,比如话筒、电视机和摄像机等信源输出的语音和图像信号,其在时间和幅度上均是连续变化的,即其信源输出的消息都是模拟信号。若要利用数字通信系统进行信息的处理、交换、传输和存储,则必须在发送端进行 A/D 转换,即将模拟信号转换成数字信号。由于 A/D 转换的过程通常由信源编码器实现,所以我们把发送端的 A/D 转换称为信源编码。

信源编码的作用可以归纳为下面两点:
(1) 将信源的模拟信号转化成数字信号,以实现模拟信号的数字化传输。
(2) 设法减少码元数目和降低码元传输速率,即通常所说的数据压缩。

信源编码通常按信号性质或按信号处理域的不同来分类。
(1) 按信号性质分,有语音信号编码、图像信号编码、传真信号编码等;
(2) 按信号处理域分,有波形编码(或时域编码)和参量编码(或变换域编码)两大类。

用于通信的 A/D 转换方式有多种,如脉冲编码调制(PCM)、差分脉冲编码调制(DPCM)、自适应差分脉冲编码调制(ADPCM)等。上述这些编码方式都是根据信号的波形进行的编码,称为波形编码,是目前应用较多的编码方式;还有一种是根据信号的参量并在预测基础上进行的编码,称为参量编码,典型的例子是用于 GSM 移动通信系统中的线性预测编码(LPC)。用于语音线性预测编码的电路称为声码器。

3.1.2 抽样定理

将模拟信号转换成数字信号要经过抽样(Sampling,亦称取样或采样)、量化(Quantization)和编码(Coding)三个过程。抽样的目的是实现时间的离散,但抽样后的信号(PAM 信号)的幅度取值仍然是连续的,所以还是模拟信号;量化的目的是实现幅度的离散,故量化后的信号已经是数字信号了,但它一般为多进制数字信号,不能被常用的二进制数字通信系统处理;编码的目的是将量化后的多进制数字信号编码成二进制码。

1) 低通抽样定理

抽样定理是模拟信号数字化的理论依据,它能保证模拟信号在数字化以后不失真。根据模拟信号频谱分布的不同,通常可以将模拟信号分为低通型信号和带通型信号两种形式,对不同形式的模拟信号,应选择合适的抽样定理。

低通抽样定理可表述为:一个频带限制在 $0 \sim f_H$ 以内的低通信号 $f(t)$,如果以 $f_s \geq 2f_H$ 的采样频率进行均匀采样,则所得的样值可以完全地确定原信号 $f(t)$。

模拟信号 $f(t)$ 经过抽样以后所得到的抽样信号 $f_s(t)$,从频谱上讲,相当于频谱搬移的过程,抽样信号是完全包含模拟信号的所有频谱成分的(特别地,当 $n=0$ 时,抽样信号的频谱与模拟信号的频谱相同)。这样,在接收端就可以通过低通滤波器恢复出模拟信号来。抽样过程也可以用图解方法来解释,如图 3-1 所示。

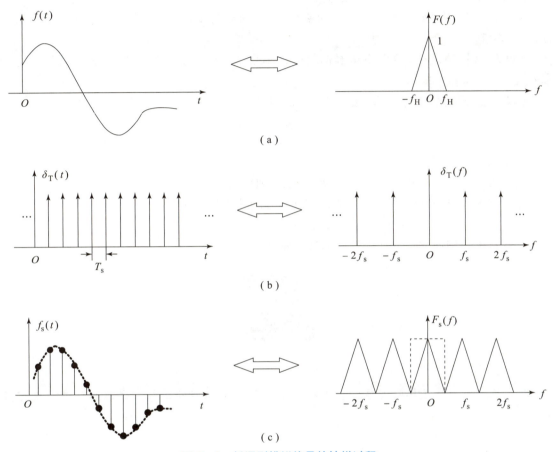

图 3-1 低通型模拟信号的抽样过程
(a)低通模拟信号波形及其频谱结构;(b)抽样序列及其频谱结构;(c)抽样后信号及其频谱结构

从图 3-1 中可以看出,当抽样频率 $f_s < 2f_H$ 时,模拟信号频谱经过搬移后所得到的抽样信号中将会出现频谱混叠的现象。这样,接收端通过滤波器将无法恢复出原始的模拟信号。

实际应用中,为了提高系统可靠性,通常会留出一定的防护频带。比如,国际电报电话咨询委员会(Consultative Committee on International Telegraph and Telephone,CCITT)建议规定对于 3 400 Hz 带宽的电话信号,取样频率为 8 000 Hz,留出了 8 000 - 6 800 = 1 200(Hz)作为防护频带。

特别地,把 $f_s = 2f_H$ 时的频率称为奈奎斯特速率,此时对应的抽样周期 T_s 称为奈奎斯特间隔。

2)带通抽样定理

实际应用中还会遇到很多带通信号,这种信号的带宽 B 远小于其中心频率。若仍然按照低通抽样定理来确定抽样频率 f_s,则会导致抽样频率 f_s 过高,实际上,并不需要这样高的抽样频率。下面简单介绍一下带通信号的抽样定理。

可以证明：假设带通信号 $f(t)$ 的下限频率为 f_L，上限频率为 f_H，带宽为 B。当抽样频率

$$f_s \geq 2B\left(1 + \frac{k}{n}\right) \quad (3-1)$$

$f(t)$ 可以由抽样点值序列 $f_s(nT_s)$ 完全描述。

式（3-1）中，n 为商（f_H/B）的整数部分，$n=1,2,\cdots$；k 为商（f_H/B）的小数部分，$0<k<1$。

【例 3-1】载波电话 60 路超群信号中，频带范围为 312~552 kHz，试求最低取样频率 f_s。

【解】信号带宽 $\quad B=f_H-f_L=552-312=240$（kHz）

$$\frac{f_H}{B} = \frac{552}{240} = 2.3$$

得 $n=2$，$k=0.3$。

代入式（3-1）中得最低取样频率 $f_s=552$ kHz

如果该 60 路超群信号按低通型抽样定理求解抽样频率，则为

$$f_s \geq 2f_H = 1\,104 \text{（kHz）}$$

显然，带通型抽样频率优于低通型抽样频率。

抽样定理（微课视频）

任务思考：抽样是将时间连续信号转换成时间离散序列的信号，这时的信号是数字信号吗？

任务 2　均匀量化

任务描述

本任务主要介绍模拟信号数字化的第二个步骤——量化，重点讨论均匀量化原理。

任务目标

- ✓ 知识目标：理解量化、均匀量化概念；解释量化级数、量化噪声。
- ✓ 能力目标：能够分析均匀量化的特点及应用场合。
- ✓ 素质目标：具有适应不同环境、不同岗位的工作的能力。

任务实施

3.2.1 量化

所谓量化,就是把经过取样得到的瞬时值的幅度离散化,即用一组规定的电平,把瞬时抽样值用最接近的电平来表示。模拟信号经过抽样后得到 PAM 信号,由于 PAM 信号的幅度仍然是连续的,即它的幅度有无穷多种取值,我们知道有限 n 位二进制的编码最多能表示 2^n 种电平,那么幅度连续的样值信号无法用有限位数字编码信号来表示,这样就必须对样值信号的幅度进行离散,使其幅度的取值为有限多种状态。对幅度进行离散化处理的过程称为量化,实现量化的器件称为量化器。

在量化过程中,每个量化器都有一个量化范围($-U \sim U$),若输入的模拟信号的幅度超过此范围就称为过载。在量化范围内划分成 M 个区间(称为量化区间),每个量化区间用一个电平(称为量化电平)表示(共有 M 个量化电平,M 称为量化电平数),量化区间的间隔称为量化间隔。图 3-2 示出了量化的基本原理。

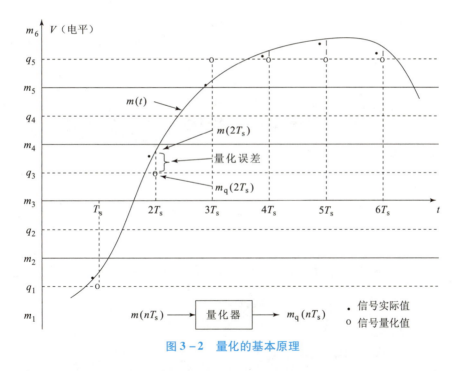

图 3-2 量化的基本原理

图 3-2 中,$m(nT_s)$ 表示模拟信号的抽样值,$m_q(nT_s)$ 表示量化后的量化值,不难看出,量化过程就是一个近似表示的过程,即无限个数取值的模拟信号用有限个数取值的离散信号近似表示。这一近似过程一定会产生误差——量化误差(即量化前后 $m(nT_s)$ 与 $m_q(nT_s)$ 之差)。量化误差一旦形成,在接收端无法消除,这个量化误差像噪声一样影响通信质量,所以又称量化噪声。

在图 3-2 中，量化区间是等间隔划分的，称为均匀量化；量化区间也可以不均匀划分，称为非均匀量化。本任务讨论均匀量化方法。

3.2.2 均匀量化

设模拟抽样信号的取值范围在 $-V \sim V$ 之间，量化电平数为 L，则在均匀量化时的量化间隔 Δv 为

$$\Delta v = \frac{2V}{L} \tag{3-2}$$

量化区间的端点 m_i 为

$$m_i = -V + i\Delta v, \quad i = 0, 1, 2\cdots, M \tag{3-3}$$

若输出的量化电平 q_i 取为量化间隔的中点，则

$$q_i = \frac{m_i + m_{i-1}}{2}, \quad i = 0, 1, 2\cdots, M \tag{3-4}$$

从上式可以看出，对于给定的信号最大幅度 V，量化电平数 L 越多，量化区间 Δv 越小，量化误差（噪声）越小，量化噪声具体可表示为

$$\sigma_q^2 = \frac{V^2}{3L^2} \tag{3-5}$$

对于单频正弦信号 $S(t) = A_m \cos(\omega_c t + \varphi)$，经过抽样以后进行均匀量化，则可以计算出量化器的输出信噪比 $\frac{S}{N}$ 为

$$\frac{S}{N} = \frac{\frac{A_m^2}{2}}{\sigma_q^2} = \frac{3}{2}\left(\frac{A_m}{V}\right)^2 L^2 \tag{3-6}$$

其中：$L = 2^n$。

两边取常用对数得

$$\lg \frac{S}{N} = \lg \frac{3}{2}\left(\frac{A_m}{V}\right)^2 L^2 \tag{3-7}$$

可得

$$SNR_{dB} \approx 4.77 + 20\lg \frac{A_m}{\sqrt{2}V} + 6.02n \tag{3-8}$$

3.2.3 均匀量化的信噪比

由式（3-8）可知：量化器的输出信噪比与输入信号的幅度和编码位数有关，当输入大信号时所产生的输出信噪比高，信号失真小，可靠性强；而当输入小信号时所产生的量化信噪比低，信号容易失真，因此对小信号不利；同时，当编码位数增加时，输出信噪比也相应提高，并且每增加一位编码，输出信噪比约提高 6 dB。

均匀量化被广泛应用于计算机的 A/D 转换中。n 表示 A/D 转换器的位数，常用的 A/D 转换器有 8 位、12 位、16 位等不同精度，主要根据应用中所允许的量化误差来确定。图像

信号的数字化接口 A/D 也是均匀量化器。但在数字电话通信中,从通信线路的传输效率考虑,采用非均匀量化更为合理,其主要原因是:对于普通的语音信号,其统计特性是大信号出现的概率小,而小信号出现的概率大,因而不适合采用均匀量化。

均匀量化(微课视频)

任务思考:均匀量化中,大信号的信噪比大,小信号的信噪比小,在不增加量化级数的情况下,有什么方法提高小信号的信噪比,使大小信号的信噪比基本一致呢?

任务 3 非均匀量化

任务描述

本任务继续介绍模拟信号数字化的第二个步骤——量化,重点讨论非均匀量化原理。

任务目标

- 知识目标:理解非均匀量化概念、压缩曲线与非均匀量化关系。
- 能力目标:能够对 A 律 13 折线进行划分。
- 素质目标:养成细心、耐心的品格。

任务实施

3.3.1 非均匀量化(对数量化)

量化间隔不相等的量化就是非均匀量化,它是根据信号的不同区间来确定量化间隔的。当信号抽样值小时,量化间隔 Δv 也小;信号抽样值增大时,量化间隔 Δv 也变大。实际中,非均匀量化的实现方法通常是在进行量化之前,先对抽样信号进行压缩,再进行均匀量化。所谓的压缩是用一个非线性电路将输入电压 x 变换成输出电压 y。在电话系统中,一种非均匀量化器为对数量化器。

如图 3-3 所示(在此图中仅画出了曲线的正半部分,在第三象限的对称部分没有画出)。图中纵坐标 y 是均匀刻度的,横坐标 x 是非均匀刻度的。所以输入电压 x 越小,量化间隔也就越小。也就是说，小信号的量化误差也小，这样就可以保证大信号和小信号在整个动态范围内的信噪比基本一致。

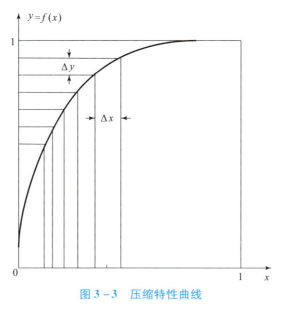

图 3-3　压缩特性曲线

需要说明的是，上述压缩器的输入和输出电压范围都限制在 0~1 之间，即作了归一化处理。

对于电话信号的压缩，美国最早提出 μ 律压缩以及相应的近似算法——13 折线法，后来欧洲提出 A 律压缩以及相应的近似算法——13 折线法，它们都是国际电信联盟（International Technological University，ITU）建议共存的两个标准。

我国、欧洲和非洲大都采用 A 律压缩及相应的 13 折线法，美国、日本和加拿大等国家采用 μ 律压缩及 13 折线法。下面主要讨论这 A 律压缩及其近似实现方法。

3.3.2　A 律压缩特性

A 律压缩特性是以 A 为参量的压缩特性。A 律特性的表示式为

$$y = \begin{cases} \dfrac{A}{1+\ln A}x, & 0 < x \leqslant \dfrac{1}{A} \\ \dfrac{1+\ln Ax}{1+\ln A}, & \dfrac{1}{A} \leqslant x \leqslant 1 \end{cases} \tag{3-9}$$

式（3-9）中，x 为压缩器归一化输入电压；y 为压缩器归一化输出电压；常数 A 为压缩系数，它决定压缩程度，$A=1$ 时无压缩，A 愈大压缩效果愈明显。而且在 $0 < x \leqslant \dfrac{1}{A}$ 范围内，y 是线性函数，对应一段直线，也就是相当于均匀量化特性；在 $\dfrac{1}{A} \leqslant x \leqslant 1$ 的范围内，y 是对数函数，对应一段对数曲线。在国际标准中取 $A=87.6$。A 律压缩特性曲线如图 3-4 所示。

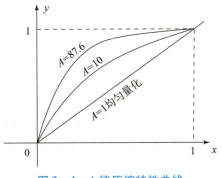

图 3−4　A 律压缩特性曲线

3.3.3　A 律压缩的近似算法——13 折线

A 律压缩特性函数是一条连续的平滑曲线，用模拟电子线路实现这样的函数规律是相当复杂的。随着数字电路技术的发展，这种特性很容易用数字电路来近似实现。13 折线特性就是近似于 A 律的特性。图 3−5 示出了这种特性曲线。

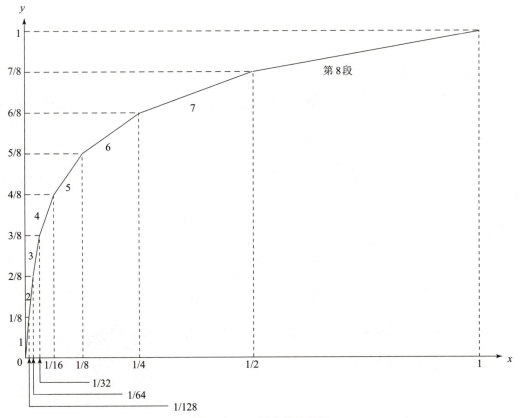

图 3−5　13 折线压缩特性

图 3-5 中横坐标 x 在 0~1 区间（归一化）分为不均匀的 8 段。1/2~1 间的线段称为第八段；1/4~1/2 间的线段称为第七段；1/8~1/4 间的线段称为第六段；依此类推，直到 0~1/128 间的线段称为第一段。图中纵坐标 y 则均匀地划分作 8 段。将与这 8 段相应的坐标点 (x,y) 相连，就得到了一条折线。由图可见，除第一和第二段外，其他各段折线的斜率都不相同。

然后，再将 8 段中的每一段均匀地划分为 16 等份，每一等份就是一个量化级。这样，输入信号在取值范围内总共被划分为 16×8=128 个不均匀的量化级。因此，用这种分段方法就可以使输入信号形成一种不均匀的量化级数，它对小信号分得细，最小量化级数（指第 1 段和第 2 段的量化级）为 (1/128)×(1/16)=1/2 048；对大信号的量化级数分得粗，最大量化级为 1/(2×16)=1/32。通常把最小量化级作为一个量化单位，用"Δ"表示，于是可以计算出输入信号的取值范围 0~1 总共被划分为 2 048Δ。对 y 轴也分成 8 段，不过是均匀地划分成 8 段。y 轴的每一段又均匀地划分成 16 等份，每一等份就是一个量化级。于是，y 轴的区间 (0,1) 就被分成 128 个均匀量化级，每个量化级均为 1/128。

上述的压缩特性只是实用的压缩特性曲线的一半。x 的取值应该还有负的一半。由于第一象限和第三象限中的第一和第二段折线斜率相同，所以这四条折线构成一条直线。因此，在 -1~+1 的范围内就形成了总数是 13 段的折线特性。通常就称为 A 律 13 折线压缩特性。

3.3.4 μ 律压缩特性

μ 律特性的表示式为

$$y = \frac{\ln(1+\mu x)}{\ln(1+\mu)}, 0 \leq x \leq 1 \tag{3-10}$$

式中 μ 为压缩系数，μ=0 时相当于无压缩，μ 越大压缩效果越明显，在国际标准中取 μ=233。当量化电平数 L=236 时，对小信号的信噪比改善值为 33.3 dB。μ 律最早由美国提出，从整体上看，μ 律和 A 律性能基本接近。μ 律压缩特性曲线如图 3-6 所示。实际应用中采用 15 折线法来代替 μ 律压缩。

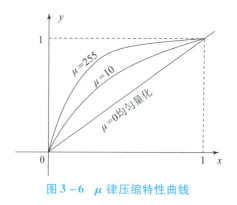

图 3-6 μ 律压缩特性曲线

非均匀量化（微课视频）

任务思考：非均匀量化能直接用数字电路实现吗？如果不能，那用什么方法？

任务 4　脉冲编码调制

任务描述

本任务主要讲述模拟信号数字化的第三步——编码，使用的方法是脉冲编码调制。

任务目标

✓ 知识目标：解释自然二进制、折叠二进制、格雷二进制的编码规律；理解脉冲编码调制的编码规则。
✓ 能力目标：根据抽样电平值的大小进行 8 位脉冲编码调制编码。
✓ 素质目标：具备并能应用计算思维能力。

任务实施

3.4.1　编码与解码

量化后的信号，已经是取值离散的多进制数字信号。但实际应用中的数字通信系统往往是二进制，因此还需把量化后的信号电平值转换成二进制码组，这个过程称为编码，其逆过程称为解码或译码。最常用的编码方式是脉冲编码调制（pulse code modulation，PCM），简称脉码调制。这种编码技术于 20 世纪 40 年代已被应用于通信技术中，由于当时是从信号调制的观点研究这种技术，因此称为脉冲编码调制。目前，它不仅用于通信领域，而且广泛应用于计算机、遥控遥测、数字仪表等许多领域。在这些领域中，将其称为 A/D 转换（模拟/数字转换）。

3.4.2　PCM 的基本原理

PCM 系统的原理如图 3-7 所示。在发送端，由冲激脉冲对模拟信号抽样，得到在抽样时刻上的信号抽样值。这个抽样值仍是模拟量。在它量化之前，通常用保持电路将其作短暂保存，以便电路有时间对其进行量化。在实际电路中，常把抽样和保持电路做在一起，称为抽样保持电路。量化器把模拟抽样信号变成离散的数字量，然后进行二进制编码。这样，每个二进制码组就代表一个量化后的信号抽样值。在接收端，通过译码器恢复出模拟信号。

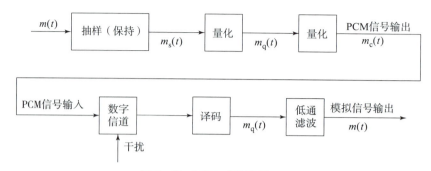

图 3－7　PCM 系统的原理图

3.4.3　码字与码型

语音信号多采用二进制数字编码。在讨论编码之前，应先明确编码的码字、码型以及码位数的选择和安排。所谓码字就是一个样值所编的 n 位码，编码过程中采用的编码规律称为码型。在 PCM 编码中广泛使用的二进制码型有自然（普通）二进制码、折叠二进制码和格雷二进制码。表 3－1 列出了用 4 位码表示 16 个量化级时三种码型的编码规律。

表 3－1　常用二进制码型

样值脉冲极性	序号	自然二进制码				折叠二进制码				格雷二进制码			
正极性部分	15	1	1	1	1	1	1	1	1	1	0	0	0
	14	1	1	1	0	1	1	1	0	1	0	0	1
	13	1	1	0	1	1	1	0	1	1	0	1	1
	12	1	1	0	0	1	1	0	0	1	0	1	0
	11	1	0	1	1	1	0	1	1	1	1	0	0
	10	1	0	1	0	1	0	1	0	1	1	0	1
	9	1	0	0	1	1	0	0	1	1	1	1	1
	8	1	0	0	0	1	0	0	0	1	1	1	0
负极性部分	7	0	1	1	1	0	0	0	0	0	1	0	0
	6	0	1	1	0	0	0	0	1	0	1	0	1
	5	0	1	0	1	0	0	1	0	0	1	1	1
	4	0	1	0	0	0	0	1	1	0	1	1	0
	3	0	0	1	1	0	1	0	0	0	0	1	0
	2	0	0	1	0	0	1	0	1	0	0	1	1
	1	0	0	0	1	0	1	1	0	0	0	0	1
	0	0	0	0	0	0	1	1	1	0	0	0	0

由表 3-1 可以看出，自然二进制码实际上就是一般的十进制正整数的二进制表示，编译码都比较简单。折叠二进制码实际上是一种符号幅度码，如果将其左边的第一位作为信号的极性位后（比如用"1"表示信号的正极性，用"0"表示信号的负极性），后面 3 位码在表中呈映像关系，故称折叠二进制码。

折叠二进制码与自然二进制码相比，有两个突出的优点：①对于双极性的信号，只要信号的绝对值相同，而只是极性不同时，折叠二进制码就可以采用单极性的编码方法，这样可以简化编码电路；②在传输的过程中当出现误码时，对小信号的影响小。比如，大信号 1111 在传输中第一位发生误码变成 0111，由表 3-1 可以看出自然二进制码电平序号由 15 变为 7，其误差为 8 个量化级，而对于折叠二进制码则从 15 变为 0，其误差为 15 个量化级，显然折叠二进制码对大信号的影响大；当小信号 0000 在传输中第一位发生误码变成 1000，对于自然二进制码的误差为 8 个量化级，而对于折叠二进制码的误差仅为 1 个量化级。实际中的语音信号的特点就是小信号出现的概率大而大信号出现的概率小，因而对于语音信号的编码通常采用折叠二进制码。

格雷二进制码的特点是任何相邻电平的码组中只有一个码位不同，因而如果传输过程中发生一位误码，接收端恢复出来的量化电平的误差比较小。但是，实现格雷二进制码的电路较复杂，所以一般都不采用。

目前，脉冲编码调制主要运用在电话通信系统中，故在 A 律 13 折线的 30/32 路 PCM 系统中选取了折叠二进制码。

3.4.4　A 律 PCM 编码（非线性编码）规则

目前国际上普遍采用 8 位非线性编码，用于 A 律 13 折线的 30/32 路 PCM 系统的编码，这 8 位的安排如表 3-2 所示。

表 3-2　每个抽样量化值的编码安排

C1	C2	C3	C4	C5	C6	C7	C8
极性码	段落码			段内码			
正极性编为 1 负极性编为 0	对应 8 个段落			对应每个段落内的 16 个分层电平			

根据上述码位的安排，段落码、段落起始电平、段落内量化间隔与段落序号之间的关系如表 3-3 所示。

表 3-3　段落码、段落起始电平、段落内量化间隔与段落序号之间的关系

段落序号	段落码			段落起始电平	段落内量化间隔
	C2	C3	B4		
1	0	0	0	0	1Δ
2	0	0	1	16Δ	1Δ
3	0	1	0	32Δ	2Δ

段落序号	段落码			段落起始电平	段落内量化间隔
	C2	C3	B4		
4	0	1	1	64Δ	4Δ
5	1	0	0	128Δ	8Δ
6	1	0	1	256Δ	16Δ
7	1	1	0	512Δ	32Δ
8	1	1	1	1 024Δ	64Δ

从表不难看出,段落起始电平 = $2^{n+2}\Delta$($n \geq 2$,n 为段落序号),段内量化间隔 = $2^{n-2}\Delta$($n \geq 2$,n 为段落序号)。

3.4.5 逐次比较型编码原理

在 A 律的 13 折线 30/32 路 PCM 系统中,实现编码的具体方法和电路有很多,比如逐次比较型编码、级联型编码和混合型编码等。而且由于大规模集成电路和超大规模集成电路技术的发展,编译码器已实现集成化。目前生产的单片集成 PCM 编译码器可以同时完成抽样、量化、压扩和编码多个功能。这里主要介绍目前比较常用的逐次比较型编码的原理。

逐次比较型编码器的原理框图如图 3-8 所示。其编码原理与天平称物体的方法类似,编码器中的抽样值(I_s)相当于天平中的被测物,而标准电流(I_w)则相当于天平中的砝码。预先设定一系列作为比较用的标准电流(通常称为权值电流,权值电流的数量与编码位数有关)。

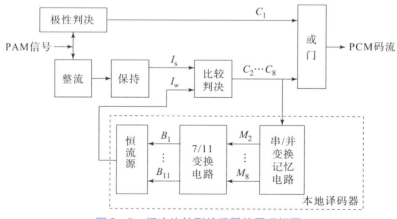

图 3-8 逐次比较型编码器的原理框图

抽样信号经过一个整流器,它将双极性变为单极性,并给出极性码 C_1,I_s 由保持电路短时间保持,并和几个称为权值电流的标准电流 I_w 逐一比较。每比较一次就输出 1 b,直到 I_w 和抽样值 I_s 逼近为止。其规则如下:若 $I_s > I_w$,编码输出"1";若 $I_s < I_w$,编码输出"0"。

逐次比较型编码器中有一个本地译码器，它由记忆电路、7/11 变换电路和恒流源网络组成。记忆电路主要用来寄存比较器输出的段落码和段内码，因为在比较的过程中，除了第一次比较外，其他各次比较都要根据前次比较的结果来确定权值电流。7/11 变换电路实质上是一个实现非线性到线性编码之间变换的数字压缩器，它将 7 位码变换成 11 位码，为恒流源解码电路提供 11 个控制脉冲。恒流源实际上是一个线性的解码电路，它用来产生各种权值电流。在恒流源中有多个基本的权值电流支路，其个数与量化的级数有关。按照 A 律 13 折线进行编码，除去极性码外还剩 7 位码；需要 11 个基本的权值电流支路，每个支路都有一个控制开关。

下面结合一个实例详细说明编码过程。

【例 3-2】 某模拟信号的幅度范围为 $-6\ \mathrm{V} \sim +6\ \mathrm{V}$，对该信号采用奈奎斯特抽样，其某一抽样值为 3.5 V，采用逐次比较型编码，按照 A 律 13 折线将此抽样值编为 8 位，写出编码过程并计算量化误差。

解：首先计算出该样值信号的归一化抽样值为：

$$I_s = \frac{3.5}{6} \times 2\ 028 \approx 1\ 195\Delta$$

假设该 8 位码为 $C_1 C_2 C_3 C_4 C_5 C_6 C_7 C_8$。

①确定极性码 C_1。由于 I_s 为正，故极性码 $C_1 = 1$。

②确定段落码 $C_2 C_3 C_4$。

按照逐次比较规则，由表 3-3 可知，第一次比较应该取 8 段的中点电平作为权值电平，即 $I_w = 128\Delta$。

因为 $I_s = 1\ 195\Delta > I_w = 128\Delta$，所以 $C_2 = 1$，同时表明抽样值落在 8 段中后 4 段（5~8 段）。故第二次比较时应该选择后 4 段的中点电平，即 $I_w = 512\Delta$。

因为 $I_s = 1\ 195\Delta > I_w = 512\Delta$，所以 $C_3 = 1$，表明抽样值落在 7~8 段。故第三次比较时应该选择第 7 段和第 8 段的中点电平，即 $I_w = 1\ 024\Delta$。

因为 $I_s = 1\ 195\Delta > I_w = 1\ 024\Delta$，所以 $C_4 = 1$。

经过以上三次比较，得出的段落码即 $C_2 C_3 C_4 = 111$。

③确定段内码 $C_5 C_6 C_7 C_8$。

段内码的确定方法同段落码类似，关键是确定权值电平。

由于抽样值落在第 8 段内，该段的起点电平为 $1\ 024\Delta$，故段内量化间隔为 64Δ。

段内第 1 次比较应选段内的中点电平作为权值电平，$I_w = 1\ 024\Delta + 8 \times 64\Delta = 1\ 536\Delta$。

因为 $I_s = 1\ 195\Delta < I_w = 1\ 536\Delta$，所以 $C_5 = 0$。

段内第 2 次比较的权值电平为 $I_w = 1\ 024\Delta + 4 \times 64\Delta = 1\ 280\Delta$。

因为 $I_s = 1\ 195\Delta < I_w = 1\ 280\Delta$，所以 $C_6 = 0$。

段内第 3 次比较的权值电平为 $I_w = 1\ 024\Delta + 2 \times 64\Delta = 1\ 152\Delta$。

因为 $I_s = 1\ 195\Delta > I_w = 1\ 152\Delta$，所以 $C_7 = 1$。

段内第 4 次比较的权值电平为 $I_w = 1\ 024\Delta + 3 \times 64\Delta = 1\ 216\Delta$。

因为 $I_s = 1\ 195\Delta < I_w = 1\ 216\Delta$，所以 $C_8 = 0$。

比较过程如图 3-9 所示。

所以，抽样值为 3.5 V（归一化电平为 $1\ 195\Delta$）的编码输出为 $C_1 C_2 C_3 C_4 C_5 C_6 C_7 C_8 =$

11110010，抽样值的量化电平为 $1\,024\Delta + 2 \times 64\Delta = 1\,152\Delta$，量化误差为 $1\,195\Delta - 1\,152\Delta = 43\Delta$。

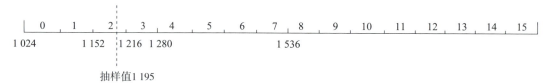

图 3-9　第 8 段落量化间隔

译码是编码的逆过程，译码器输入的 PCM 码字（除极性码外）"1110010"，由例 3-2 可知 1110010 表示抽样值 I_s 位于第 8 段的序号为 2 的量化间隔内，因此，对应用的译码电平应该在此间隔的中间，以便减小最大误码误差。译码电平为：

$$I_D = 1\,152\Delta + (1/2) \times 64 = 1\,184\Delta$$

译码后的量化误差为 $1\,195\Delta - 1\,184\Delta = 11\Delta$。

这样，量化误差小于量化间隔的一半，即 $11\Delta < 32\Delta$。

3.4.6　PCM 信号的码元传输速率和传输信道带宽

由于 PCM 信号要用 8 位二进制码组表示一个抽样值，因此传输它所需要的信道带宽比模拟信号 $m(t)$ 的带宽大得多。

① 码元传输速率

设 $m(t)$ 为低通信号，最高频率为 f_m，抽样速率为 f_s。若量化电平数为 L，采用 M 进制代码，则每个量化电平需要的代码数为 $n = \log_M L$。因此，码元传输速率为 $R_B = nf_s$。实际中一般采用二进制代码，则 $R_B = f_s \log_2 L$。

② 传输 PCM 信号所需的最小带宽

抽样速率的最小值 $f_s = 2f_m$，因此最小码元传输速率为 $R_B = nf_s$，此时所具有的传输信道带宽有两种：

$$B_{PCM} = \frac{R_B}{2} = \frac{nf_s}{2} \text{（理想低通滤波器）}$$

$$B_{PCM} = R_B = nf_s \text{（升余弦传输系统）}$$

PCM 编码（微课视频）

任务思考：在例 3-2 中，编码电平值和译码电平值分别是多少？请和抽样电平值 3.5 V 做个比较。

任务 5 自适应差分脉冲编码调制

任务描述

本任务主要介绍了减少带宽占用的一种编码体制——自适应差分脉冲编码调制（adaptive differential pulse code modulation，ADPCM）。

任务目标

- ✓ 知识目标：解释 ADPCM，比较 ADPCM 与 PCM 的不同。
- ✓ 能力目标：讲述 ADPCM 的特点及应用场合。
- ✓ 素质目标：具备独立思考能力。

任务实施

1972 年，ITU（国际电联）制定了 G.711 64 Kb/s PCM 语音编码标准。传送 64 Kb/s 数字信号的最小频带理论值为 32 kHz，而模拟单边带多路载波电话占用的频带仅 4 kHz。在频带宽度严格受限的传输系统中，采用 PCM 数字通信方式时的经济性能很难和模拟通信相比拟，特别是在超短波波段的移动通信网中，由于其频带有限（每路电话必须小于 25 kHz），64 Kb/s PCM 更难获得广泛应用。在此背景下，人们一直寻求能够在更低的速率上获得高质量语音编码的方法。1984 年 ITU 提出了 32 Kb/s 标准的 G.721 ADPCM 编码，ADPCM 充分利用了语音信号样点间的相关性，以及自适应预测和量化，解决了语音信号的非平稳特点，并在 32 Kb/s 速率上能够给出符合公用网要求的网络等级语音质量。

ADPCM 是在差分脉冲编码调制（differential pulse code modulation，DPCM）的基础上发展起来的。

3.5.1 预测编码

在预测编码中，先根据前几个抽样值计算出一个预测值，然后将当前抽样值与预测值作差，最后对该差值进行编码并传输，此差值称为预测误差。由于抽样值与预测值之间有较强的相关性，即抽样值和其预测值非常接近，这样的话，预测误差的可能取值范围要比抽样值的变化范围小很多，所以就可以少用几位编码比特来对预测误差编码，从而降低其比特率。

若利用前面的几个抽样值的线性组合来预测当前的抽样值，则称为线性预测。若仅用前面的 1 个抽样值预测当前的抽样值,就是本节讨论的差分脉冲编码调制(DPCM)。

3.5.2 差分脉冲编码调制的原理

在 PCM 编码中,每个抽样值都要进行独立的编码,造成编码需要较多的位数。而在 DPCM 中,只将前 1 个抽样值当作预测值,再取当前抽样值与预测值之差进行编码并传输,由于此预测误差的变化范围较小,因此它包含的冗余信息也大大减少,同时也可用较少的编码比特来对预测误差编码,从而降低了编码比特率。

通信系统中的语音等连续变化信号,其相邻抽样值之间有一定的相关性,这个相关性使信号中含有冗余信息,通过上述方案,可大大降低编码比特率。差分脉冲编码调制的系统原理图如图 3-10 所示。

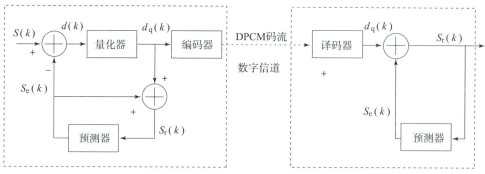

图 3-10 差分脉冲编码调制的系统原理图

图 3-10 所示情况下,接收端解码器输出的重构信号 $S_r(k)$ 与编码器的 $S_r(k)$ 信号是完全相同的。在 DPCM 系统中的总量化误差 $e(k)$ 如下式所示:

$$\begin{aligned} e(k) &= S(k) - S_r(k) \\ &= [S_e(k) + d(k)] - [S_e(k) + d_q(k)] \\ &= d(k) - d_q(k) \end{aligned}$$

由上式可知,在 DPCM 系统中的总量化误差只与发送端差值量化器的量化误差有关。因而,在相同码元传输速率的条件下,DPCM 的量化噪声明显小于 PCM 的量化噪声。故当 DPCM 系统与 PCM 系统抗噪性能相当时,DPCM 系统可以降低对量化器的信噪比要求,从而量化器可以减少量化电平数,达到减少编码位数、降低传输速率的目的。

由于 DPCM 中只将前一个抽样值当作预测值,因此图 3-10 中的预测器就简化为一个延时电路,其延时时间为一个抽样时间间隔。

综上所述,DPCM 与 PCM 的区别是:在 PCM 中是用信号抽样值进行量化、编码后传输,而 DPCM 则是用信号抽样值与信号预测值的差值进行量化、编码后传输,由于差值信号的动态范围一般比信号小,如果输入信号的统计特性已知,则进行适当预测可使差值信号范围更小,这样就可以采用较少的位数对差值信号进行编码。比如,在较好图像质量的情况下,每一抽样值只需 4 b 即可,因此大大压缩了传送的比特率。另外,如果比特速率相同,则 DPCM 比 PCM 信噪比可改善 14~17 dB;DPCM 与 DM 的区别是:DPCM 是用 n 位二进制码表示增量，DM 只用 1 位，由于 DPCM 增多了量化级，系统的信噪比要优于 DM，但 DPCM 的缺点是较易受到传输线路噪声的干扰，即在抑制信道噪声方面不如 DM。因此，DPCM 很少独立使用，一般要结合其他的编码方法使用。

3.5.3　自适应差分脉冲编码调制（ADPCM）的原理

　　DPCM 系统性能的改善是以最佳的预测和量化为前提的。但对语音信号进行预测和量化是复杂的技术问题，这是因为语音信号在较大的动态范围内变化。为了能在相当宽的变化范围内获得最佳的性能，可对 DPCM 系统采用自适应处理，有自适应系统的 DPCM 称为自适应差分脉冲编码调制，简称 ADPCM。

　　自适应是指编码器预测系数的改变与输入信号幅度值相匹配，从而使预测误差为最小值，这样预测的编码范围可减小，可在相同编码位数情况下提高信噪比。图 3－11 为 ADPCM 编码器的简化原理框图。它由 PCM 码/线性码变换器、自适应量化器、自适应逆量化器、自适应预测器和量化尺度适配器组成。编码器输入的信号为非线性 PCM 码，可以是 A 律和 μ 律 PCM 码。为了便于进行数字信号运算处理，首先将 8 位非线性码变换为 12 位线性码，然后进入 ADPCM 部分。线性 PCM 信号与预测信号相减获得预测误差信号。自适应量化器将该差值信号进行量化并编成 4 位 ADPCM 码输出，因此 ADPCM 语音信号的速率为 32 Kb/s。

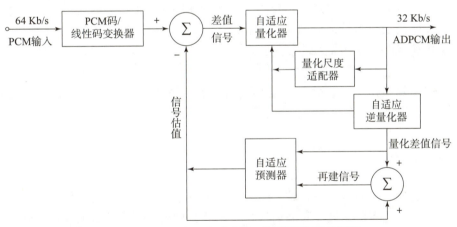

图 3－11　自适应差分脉冲编码器的简化原理框图

　　ADPCM 系统与 PCM 系统相比，可以大大压缩数码率和传输带宽，从而增加通信容量，用 32 Kb/s 的传输速率基本能满足 64 Kb/s 的语音质量要求。因此，国际电信联盟（ITU）建议 32 Kb/s 的 ADPCM 为长途传输中的一种新型国际通用的语音编码方法。

　　任务思考：ADPCM 的传输速率是 32 Kb/s，请问编码位数是几位？将其与 PCM 进行比较。

任务6 时分复用技术

任务描述

本任务介绍数字通信的复用技术——时分复用。

任务目标

- ✓ 知识目标：解释时分复用原理，分析 E 体系一次群的帧结构，对比数字复接技术的方式。
- ✓ 能力目标：能够讲述一次群 2 Mb/s 的由来，综述 E 体系结构。
- ✓ 素质目标：具有探究精神。

任务实施

随着通信技术的发展，人们对通信的要求越来越高，往往需要更高的通信速度、更大的信道容量等。而无论是有线信道还是无线信道，资源都是有限的，所以人们需要充分利用有限的信道资源，因而采用了多路复用技术，以实现在同一信道中同时传输多路信号。

例如，多路复用技术最常应用在远程通信上。远程网络的通信线路都是大容量的光纤、同轴电缆、微波链路。使用了多路复用技术后，这些链路就可以同时运载大量的语音和传输大量数据。

常见的多路复用技术有频分多路复用（即频分复用）、时分多路复用（即时分复用）、码分多路复用（即码分复用），本任务主要讨论时分复用技术。

3.6.1 时分多路复用的原理

时分复用是建立在抽样定理基础上的。抽样定理指明：满足一定条件下，时间连续的模拟信号可以用时间上离散的抽样脉冲值代替。因此，如果抽样脉冲占据较短时间，在抽样脉冲之间就留出了时间空隙，利用这种空隙便可以传输其他信号的抽样值。时分复用就是利用各路信号的抽样值在时间上占据不同的时隙，来达到在同一信道中传输多路信号而互不干扰的一种方法。

下面通过举例来说明时分复用技术的基本原理，假设有 3 路 PAM 信号进行时分复用，其传输波形如图 3-12 所示。

上述过程可通过如图 3-13 所示的框图实现。各路信号首先通过相应的低通滤波器（预滤波器）变为频带受限的低通型信号。然后再送至旋转开关（抽样开关），每秒将各路信号依次抽样一次，在信道中传输的合成信号就是 3 路在时间域上周期地互相错开的 PAM 信号，即 TDM - PAM 信号。

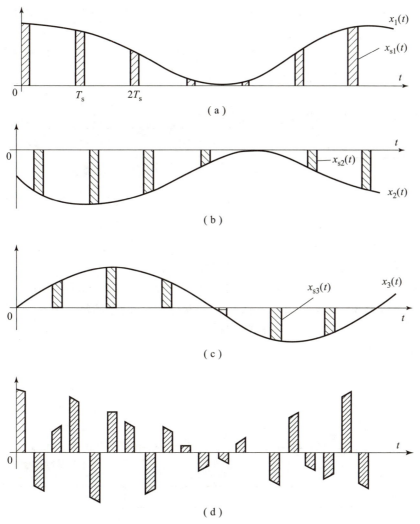

图 3-12　3 路时分多路复用波形

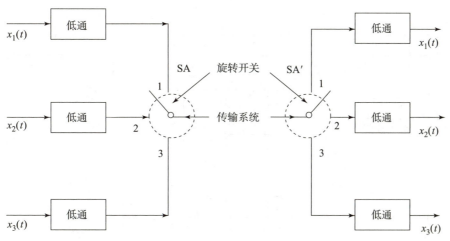

图 3-13　3 路 PAM 信号时分复用原理图

抽样时各路每轮一次的时间称为一帧，长度记为 T_s，它就是旋转开关旋转一周的时间，即一个抽样周期。一帧中相邻两个抽样脉冲之间的时间间隔叫作路时隙（简称为时隙），即每路 PAM 信号每个样值允许占用的时间间隔，记为 $T_a = T_s/n$，这里复用路数 $n = 3$。3 路 PAM 信号时分复用的帧和时隙如图 3-14 所示。

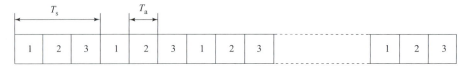

图 3-14　3 路 PAM 信号时分复用的帧和时隙结构图

上述概念可以推广到 n 路信号进行时分复用。多路复用信号可以直接送入信道进行基带传输，也可以加至调制器后再送入信道进行频带传输。在接收端，合成的时分复用信号由旋转开关依次送入各路相应的低通滤波器，重建或恢复原始的模拟信号。需要指出的是，TDM 中发送端的抽样开关和接收端的分路开关必须保持同步。

由于各种原因，时分复用技术的标准未能统一，存在着两种不同的制式。即 A 律 13 折线压缩特性——PCM 30/32 路制式（E 体系）和 μ 律 15 折线压缩特性——（T 体系）。我国和欧洲等国采用的是 PCM 30/32 路制式，日本和北美等国采用 PCM 24 路制式，其中 PCM 24 路制式又包含两种不同的标准。下面简单介绍 PCM 30/32 路系统。

3.6.2　PCM 30/32 路系统

A 律 13 折线 PCM 30/32 路系统中，一帧共有 32 个时隙，可以传送 30 路电话，即复用的路数 $n = 32$ 路，其中话路数为 30。PCM 30/32 路系统的帧结构如图 3-15 所示。

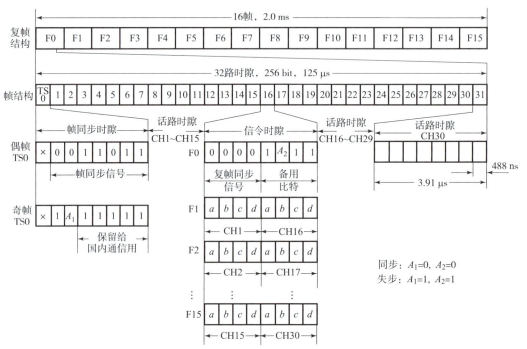

图 3-15　PCM 30/32 路系统的帧结构

从图 3-15 中可以看到，在 PCM 30/32 路的制式中，一个复帧由 16 帧组成，一帧由 32 个时隙组成，一个时隙有 8 个比特。对于 PCM 30/32 路系统，由于抽样频率为 8 000 Hz，因此，抽样周期（即 PCM 30/32 路的帧周期）为 1/8 000 = 125 μs；一个复帧由 16 帧组成，这样复帧周期为 2 ms；一帧内包含 32 路，则每路占用的时隙为 125/32 = 3.91 μs；每时隙包含 8 位折叠二进制，因此，位时隙占 488 ns。

从传输速率来讲，每秒钟能传送 8 000 帧，而每帧包含 32×8 = 256 (b)，因此，传码率为 2.048 MBaud，信息速率为 2.048 Mb/s。

前面讨论的 PCM 30/32 路（或 PCM 24 路）时分多路系统，称为数字基群（即一次群）。为了能使宽带信号（如电视信号）通过 PCM 系统传输，就要求有较高的传码率。因此提出了数字复接技术，所谓数字复接技术就是把较低群次的数字流汇合成更高群次的数字流。

数字复接主要有按位复接、按字复接、按帧复接等方式。按一个码位时隙宽度进行时隙叠加称为按位复接，一个码位时隙中叠加了 4 个码位，其每位码宽度减小到原来的 1/4，其码率提高了 4 倍，如图 3-16（b）所示；图 3-16（c）是按字复接。

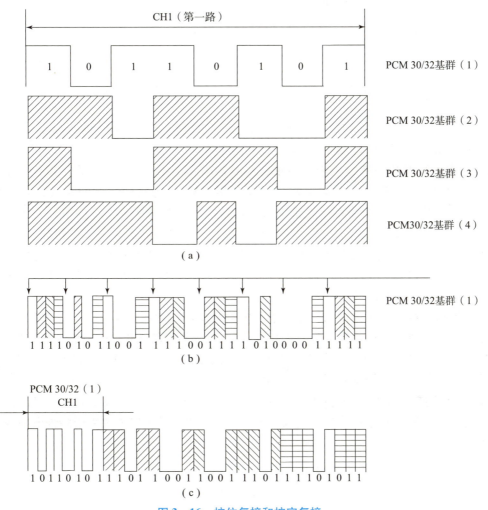

图 3-16 按位复接和按字复接

(a) 一次群（基群）；(b) 二次群（按位复接）；(c) 二次群（按字复接）

实际应用中通常采用准同步方式进行复接，因此称为准同步数字系列（plesiochronous digital hierarchy，PDH）。国际电信联盟（ITU）推荐了两种一次、二次、三次和四次群的数字等级系列，如表 3-4 所示。

表 3-4 数字复接系列（准同步数字系列）

国家或地区	等级	一次群（基群）	二次群	三次群	四次群
中国/西欧	群路等级	E-1	E-2	E-3	E-4
	路数	30 路	120 路（30×4）	480 路（120×4）	1 920 路（480×4）
	比特率	2.048 Mb/s	8.448 Mb/s	34.368 Mb/s	139.264 Mb/s
北美	群路等级	T-1	T-2	T-3	T-4
	路数	24 路	96 路（24×4）	672 路（96×7）	4 032 路（672×6）
	比特率	1.544 Mb/s	6.312 Mb/s	44.736 Mb/s	274.176 Mb/s
日本	群路等级	T-1	T-2	T-3	T-4
	路数	24 路	96 路（24×4）	480 路（96×5）	1 440 路（480×3）
	比特率	1.544 Mb/s	6.312 Mb/s	32.064 Mb/s	97.728 Mb/s

从表 3-4 可以看出，PDH 有两种基础速率：一种是以 1.544 Mb/s 为第一级（一次群，或称基群）基础速率，采用的国家有北美各国和日本；另一种是以 2.048 Mb/s 为第一级（一次群）基础速率，采用的国家有西欧各国和中国。表 3-4 还示出了两种基础速率各次群的速率、话路数及其关系。对于以 2.048 Mb/s 为基础速率的制式，各次群的话路数按 4 倍递增，速率的关系略大于 4 倍，这是因为复接时插入了一些相关的比特。对于以 1.544 Mb/s 为基础速率的制式，在三次群以上，日本和北美各国又不相同。

PDH 优点：易于构成通信网，便于分支与插入；复用倍数适中，具有较高效率；可视电话、电视信号以及频分制载波信号能与某一高次群相适应；与传输媒质，比如电缆、同轴电缆、微波、波导、光纤等传输容量相匹配。

数字通信系统，除了传输电话外，也可传输其他相同速率的数字信号，例如可视电话、频分制载波信号以及电视信号。为了提高通信质量，这些信号可以单独变为数字信号传输，也可以和相应的 PCM 高次群一起复接成更高一级的高次群进行传输。基于 PCM 30/32 路系列的数字复接体制的结构及应用如图 3-17 所示。

基群 PCM 的传输介质一般采用市话对称电缆，也可采用市郊长途电缆。二次群需采用对称平衡电缆、低电容电缆或微型同轴电缆，三次群以上的传输需要采用同轴电缆或毫米波波导等。

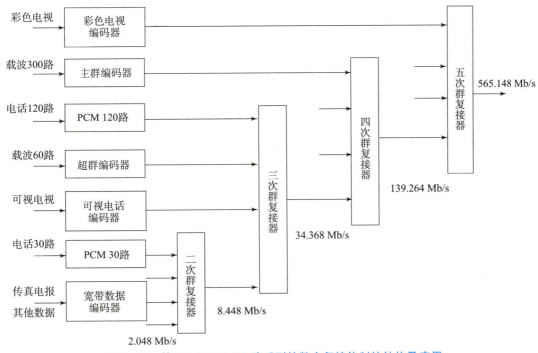

图 3-17 基于 PCM 30/32 路系列的数字复接体制的结构及应用

3.6.3 同步数字系列

随着光纤通信的发展,准同步数字系列已经不能满足大容量高速传输的要求,不能适应现代通信网的发展要求,其缺点主要体现在以下几个方面:

①不存在世界性标准的数字信号速率和帧结构标准,不存在世界性的标准光接口规范,无法在光路上实现互通和调配电路。

②复接方式大多采用按位复接,不利于以字节为单位的现代信息交换。

③准同步系统的复用结构复杂,缺乏灵活性,硬件数量大,上、下业务费用高。

基于传统的准同步数字系列的上述弱点,为了适应现代电信网和用户对传输的新要求,必须从技术体制上对传输系统进行根本的改革,为此,ITU 制定了 TDM 制的 150 Mb/s 以上的同步数字系列(synchronous digital hierarchy,SDH)标准。它不仅适用于光纤传输,亦适用于微波及卫星等其他传输手段。它可以有效地按动态需求方式改变传输网拓扑,充分发挥网络构成的灵活性与安全性,而且在网络管理功能方面大大增强。数字复接系列(同步数字系列)如表 3-5 所示。

表 3-5 数字复接系列(同步数字系列)

同步数字系列	STM-1	STM-4	STM-16	STM-64
速率	155.52 Mb/s	622.08 Mb/s	2 488.32 Mb/s	9 953.28 Mb/s

由于 SDH 具有同步复用、标准光接口和强大的网络管理能力等优点,在 20 世纪 90 年

代中后期得到了广泛应用,而原有的 PDH 数字传输网已逐步纳入了 SDH 网。

时分复用(微课视频)

任务思考:时分复用技术能用在模拟通信系统上吗?

项目测验

一、填空题

1. 模拟信号数字化需要经过三个步骤,即(　　　　)、(　　　　)和(　　　　)。
2. 抽样的理论基础是(　　　　)定理。
3. 抽样信号的量化有两种方法,一种是均匀量化,另一种是(　　　　)。
4. 抽样信号量化后的量化误差又称为(　　　　)。
5. 为了便于采用数字电路实现量化,通常采用(　　　　)和 15 折线的近似算法来代替 A 律和 μ 律。
6. 电话信号最常用的编码是 PCM 和(　　　　),它们都属于信源编码的范畴。

二、选择题

1. 一般语音信号的频率在 300~3 400 Hz 的范围内,该信号的抽样频率为(　　　　)时,接收端可以无失真地恢复原始信号。(多项选择题)
   A. 3 400 Hz　　B. 6 800 Hz　　C. 8 000 Hz　　D. 10 000 Hz
2. PCM 30/32 基群的信息速率为(　　　　)。
   A. 64 Kb/s　　B. 1 024 Kb/s　　C. 256 Kb/s　　D. 2 048 Kb/s
3. A 律 13 折线编码可以把每个抽样值转化为(　　　　)个二进制码。
   A. 8　　　　　B. 4　　　　　C. 12　　　　　D. 10
4. 均匀量化的主要缺点是(　　　　)。
   A. 不确定
   B. 对于小信号的信号量噪比达不到要求
   C. 对于大、小信号的信号量噪比均达不到要求
   D. 对于大信号的信号量噪比达不到要求
5. 模拟语音信号的数字化属于(　　　　)。
   A. 信源编码　　B. 信道编码　　C. 增量编码　　D. 压缩编码

三、判断题(正确的打√,错误的打×)

(　　) 1. 对于 A 律压缩,在实用系统中,选择 $A=87.6$。
(　　) 2. 为了增大数字电话信号的比特率,对 PCM 进行改进的办法之一就是采用预测编码的方法,ADPCM 就是其中的一种。
(　　) 3. 带通信号的抽样频率并不一定需要达到其最高频率或更高。

（　　）4. 在预测编码中，每个抽样值不是独立地编码，而是先根据前几个抽样值计算出一个预测值，再取当前抽样值和预测值之差，将此差值进行编码并传输。

（　　）5. 非均匀量化实质就是将信号非线性变换后再均匀量化。

四、简答题

1. 对于低通模拟信号而言，为了能无失真恢复，理论上对抽样频率有什么要求？
2. 对于电话信号进行非均匀量化有什么优点？
3. 在 PCM 电话信号中，为什么常用折叠码进行编码？
4. 什么是信号的量化误差？有办法消除吗？
5. 为什么可以进行音视频压缩编码？

二维码 – 项目三 – 参考答案

项目四

解析数字通信的基带传输机理

知识点思维导图

学习目标思维导图

案例导入

计算机局域网的终端之间不需要调制和解调,可以按照数字信号原有的波形在信道(常用的是同轴电缆和双绞线)上直接传输。

手机的基带芯片是手机技术含量最高的部分,基带芯片是指用来合成即将发射的基带信号或对接收到的基带信号进行解码的芯片。

任务1 基带传输系统概述

任务描述

本任务主要介绍数字基带传输系统的模型框图及各部件的功能。

任务目标

- ✓ 知识目标:解释基带传输,绘制基带传输系统模型图。
- ✓ 能力目标:能够分析基带传输过程中信号的变化。
- ✓ 素质目标:具备钻研精神。

任务实施

4.1.1 数字基带信号

数字通信系统的根本任务是传输数字信息。一般来说,数字信息的来源有两个:一个是模拟信号(如语音、图像等)经过 A/D 转换(PCM、DPCM、ADPCM、ΔM 等)后的脉冲编码信号;另一个是来自计算机、电传机、发报机等数字信源发出的数字信号。

数字基带信号是数字信息的电波表示,它可以用不同的电平或脉冲来表示相应的消息代码。这些信号有一个共同的特点,就是它们的功率谱密度是低通型的,所占带宽从零频或零频附近开始,主要集中在一个有限的频带内,频谱中含有丰富的低频分量,甚至有直流分量存在,这种信号通常被称为数字基带信号。

4.1.2 数字基带传输系统

如何传输数字基带信号呢?通常有两种方式:基带传输和带通传输。能够实现基带传输功能的系统称为数字基带传输系统(如图 4-1 所示),能够实现频带传输功能的系统称为数字带通传输系统(如图 4-2 所示)。

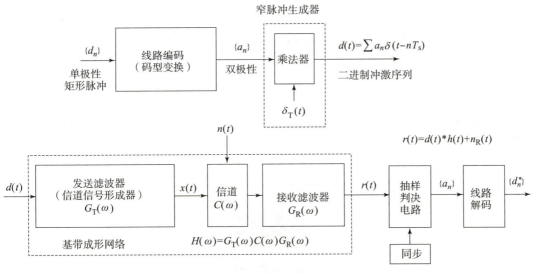

图 4-1 数字基带传输系统模型

在基带传输系统中,数字基带信号不经载波调制而直接进行传输,显然该传输方式仅适用于具有低通特性的有线信道中,特别是传输距离不太远的情况下。

在图 4-1 中,各方框的功能和信号传输的物理过程简述如下:

1) 信道信号形成器(发送滤波器)

信道信号形成器的功能是产生适合信道传输的基带信号波形。由于信道信号形成器的输入一般是经过码型编码产生的传输码,相应的基本波形通常是矩形脉冲,基频谱很宽,不利于传输。发送滤波器用于压缩输入信号频带,把传输码变成适宜信道传输的基带信号波形。

2)信道

信道即允许基带信号通过的媒质,通常为有线信道,如双绞线、同轴电缆等。信道的传输特性一般不满足无失真传输条件,因此会引起传输波形的失真。另外,信道还会引入噪声 $n(t)$,假设它是均值为零的高斯白噪声。

3)接收滤波器

接收滤波器用来接收信号,尽可能滤除信道噪声和其他干扰,对信道特性进行均衡,使输出的基带信号波形有利于抽样判决。

4)抽样判决器

抽样判决器是在传输特性不理想和噪声背景下,在规定时刻(由位定时脉冲控制)对接收滤波器的输出波形进行抽样判决,以恢复或再生基带信号。

5)同步提取

同步提取是用位定时脉冲依靠同步提取电路从接收信号中提取的,位定时脉冲的准确将直接影响判决效果。

大多数实际的信道都是带通型的,这时就必须采用带通传输,即先用数字基带信号对载波进行调制,将频谱搬移到高频载波处才能在信道中传输,需要调制和解调过程的传输系统称为数字带通(或频带)传输系统,如图4-2所示。

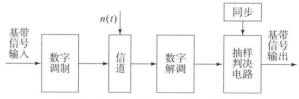

图4-2 数字带通传输系统模型

实际应用中,虽然数字基带传输系统远不如数字频带传输系统应用广泛,但是对数字基带传输系统的研究仍然非常有意义。一方面,数字基带传输系统中的许多问题都是数字频带系统中所需要解决的;另一方面,从广义信道的角度上讲,数字带通传输系统可以当作基带传输系统来研究。因此掌握数字基带传输系统的传输原理是十分重要的。

数字基带传输(微课视频)

任务思考: 移动通信系统是基带传输系统吗?

任务 2　数字基带传输的码型

任务描述

本任务主要介绍数字基带传输的传输码型，也就是线路码。

任务目标

- 知识目标：理解传输码的码型选择原则，常用码型的波形特点及应用。
- 能力目标：能够根据信息码元写出相应的 AMI 码、HDB3 码等，讲述各种传输码的应用。
- 素质目标：具备高尚的品德和强烈的责任心。

任务实施

4.2.1　数字基带传输的码型原则

数字信息可以表示成一个数字代码序列。例如，计算机中的信息是以约定的二进制代码"0"和"1"的形式存储。但是，在实际传输中，为了匹配信道的特性以获得令人满意的传输效果，需要选择不同的传输波形来表示"0"和"1"。数字基带信号可用不同形式的电脉冲表示，电脉冲的存在形式称为码型。数字信号用电脉冲表示的过程称为码型编码或码型变换，由码型还原为原来数字信号的过程称为码型译码。在有线信道中，传输的数字基带信号又称为线路传输码型。

在实际的基带传输系统中，并不是所有的基带波形都适合在信道中传输。例如，含有丰富直流及低频分量的单极性波形就不适合在低频传输特性差的信道中传输，因为有可能造成信号严重畸变。又比如，当消息代码中包含长串的连续"1"或者连续"0"符号时，非归零波形呈现连续的固定电平，因而无法获取定时信息。单极性归零码在传输连续"0"时也存在同样的问题。因此，对传输的基带信号主要有以下两个方面的要求：

（1）对代码的要求：原始消息代码必须编成适合于基带系统的传输；
（2）对所选码型的电波要求：电波形式应适合基带系统的传输。

在选择传输码型时，一般应考虑以下原则：
（1）不含直流，且低频分量尽量少；
（2）应含有丰富的定时信息，以便于从接收码流中提取定时信号；
（3）功率谱主瓣宽度窄，以节省传输频带；
（4）不受信源源统计特性的影响，即能适应信息源的变化；

(5) 具有内在的检错能力,即码型应具有一定的规律性,以便于利用这一规律性进行宏观监测;

(6) 编译码简单,以降低通信延时和成本。

数字基带信号的码型种类很多,并不是所有的码型都能满足上述要求。因此在实际应用中,往往要根据实际需求进行选择。下面以传输二进制数字信息"01000011000001010"为例,介绍目前基带传输中的常用码型。

4.2.2 基带传输中的常用码型

1) 单极性不归零码

所谓单极性是指用正电平和零电平分别对应二进制码"1"和"0",或者说,它在一个码元时间内用脉冲的有或无来表示"1"和"0",当然,反过来表示也是可以的;所谓不归零(non-return-to-zero,NRZ)是指在整个码元周期内电平保持不变,其占空比 $\tau/T = 100\%$。单极性不归零码的波形如图4-3(a)所示。

由于实际传输中的基带信号是一个随机脉冲序列,没有确定的频谱函数,所以只能用统计的方法求出其功率谱密度,用功率谱密度来描述脉冲序列的频谱特性。单极性不归零码的功率谱如图4-4中实线所示。单极性不归零码有以下缺点:

(1) 有直流成分,低频成分大。

(2) 遇长连1或长连0时,提取位定时信号很困难。

(3) 码间干扰大。

(4) 前后码元相互独立,无检错的能力。

(5) 传输时要求信道的一端接地。

单极性不归零波形一般只适用于计算机终端设备内或印制电路板内的数据传输,以及数字调制中。

2) 单极性归零码

所谓归零码(return-to-zero,RZ)是指在码元周期内的某个时刻又回到零电平(通常为码元周期的中点,此时占空比为 $\tau/T = 50\%$)。RZ码与NRZ码的区别是占空比不同,NRZ码的占空比为100%,RZ码的占空比通常为50%。单极性归零码的波形如图4-3(b)所示,功率谱如图4-4中虚线所示。

RZ码的功率谱有位定时分量,不出现长0时,可直接提取。因此,其他码型在提取位定时信号时,通常将RZ码作为一种过渡码型。但除此以外,RZ码同样具有NRZ码的缺点。

3) 双极性不归零码

所谓双极性是指用正电平和负电平两种极性分别表示"1"和"0",双极性不归零码的波形如图4-3(c)所示,功率谱如图4-5中实线所示。

从功率谱可以看出,在0和1等概率前提下,双极性码无直流成分,可以在电缆等无接地的传输线上传输,因此得到了较多的应用,如计算机中使用的串行RS-232接口就采用这种编码传输方式。但在功率谱分布、位定时信号的提取及检错方面的问题与单极性NRZ码相同。

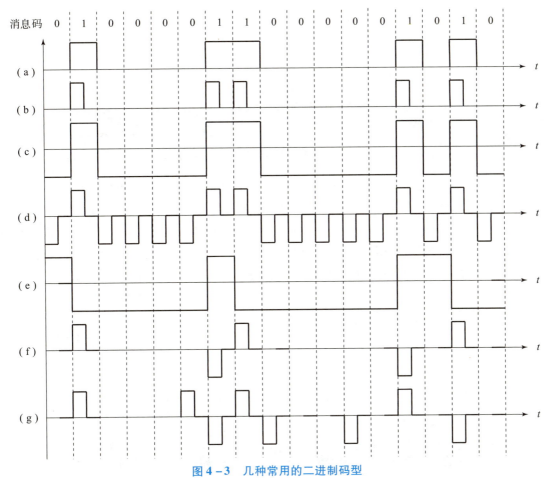

图4-3 几种常用的二进制码型

(a) 单极性 NRZ 码；(b) 单极性 RZ 码；(c) 双极性 NRZ 码；
(d) 双极性 RZ 码；(e) 差分码；(f) AMI 码；(g) HDB3 码

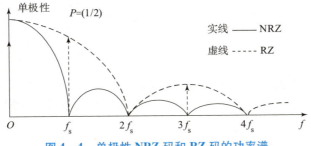

图4-4 单极性 NRZ 码和 RZ 码的功率谱

4）双极性归零码

双极性归零码构成原理与单极性归零码相同，0 和 1 在传输线路上分别用负电平和正电平表示，且相邻脉冲间必有零电平区域存在。双极性归零码的波形如图 4-3（d）所示，功率谱如图 4-5 中虚线所示。

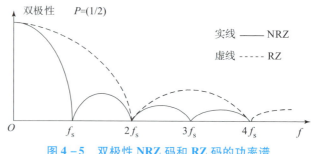

图 4-5 双极性 NRZ 码和 RZ 码的功率谱

对于双极性归零码，在接收端根据接收波形归于零电平便可知道 1 b 信息已接收完毕，以便准备下 1 b 信息的接收。所以，在发送端不必按一定的周期发送信息。可以认为正负脉冲前沿起了启动信号的作用，后沿起了终止信号的作用。因此，可以经常保持正确的位同步。即收发之间无需特别定时，且各符号独立地构成起止方式，此方式也叫自同步方式。

双极性归零码具有双极性非归零码的抗干扰能力强及码中不含直流成分的优点，应用比较广泛。

从以上四种码型可以看出：

（1）功率谱的形状取决于单个脉冲波形的频谱函数。例如单极性矩形波的频谱函数为 $Sa(x)$，功率谱形状为 $Sa^2(x)$。

（2）二进制基带信号的带宽主要取决于时域波形的占空比。占空比愈小，频带愈宽。若以谱的第一个零点计算，NRZ（脉冲宽度 τ = 码元周期 T_s）基带信号的带宽为 $1/\tau = f_s$；RZ（$\tau = T_s/2$）基带信号的带宽为 $1/\tau = 2f_s$。其中 $f_s = 1/T_s$，是位定时信号的频率，它在数值上与码元传输速率 R_B 相等。

（3）二进制随机脉冲序列的功率谱一般包含连续谱和离散谱两部分。其中，连续谱总是存在的，通过连续谱在频谱上的分布，可以看出信号功率在频率上的分布情况，从而确定传输数字信号的带宽。但离散谱却不一定存在，它取决于矩形脉冲的占空比，而离散谱的存在与否关系到能否从脉冲序列中直接提取位定时信息。如果做不到这一点，则要设法变换基带信号的波形，以利于位定时信号的提取。离散谱包括直流、位定时分量 f_s 及 f_s 的谐波。

（4）双极性码在 1、0 码等概率出现时，不论归零与否，都没有直流成分和离散谱。这就意味着这种脉冲序列无直流分量和位定时分量。除非有特别说明，数字信息一般都指 0、1 等概的情况。

（5）单极性 RZ 信号中含有定时分量，可以直接提取，单极性 NRZ 信号中没有定时分量，若想获取定时分量，需要进行波形变换。以单极性全占空脉冲序列为例，其变换过程如图 4-6 所示。

将图 4-6（a）所示的单极性不归零脉冲序列经微分电路，在跳变沿处得到尖脉冲。取沿后的双极性尖脉冲序列［图 4-6（b）］经全波整流后成为单极性尖脉冲序列［图 4-6（c）］，再经过成形电路便得到了单极性半占空脉冲序列［图 4-6（d）］。

有了以上这些结论，对其他脉冲序列的功率谱可以进行定性分析，当然，具体的功率谱公式必须经过定量计算。通过频谱分析，我们可以确定信号需要占据的频带宽度，还可以获得信号谱中的直流分量、位定时分量、主瓣宽度和谱滚降衰减速度等信息。这样，我们可以

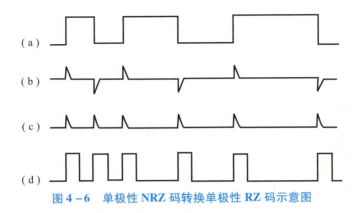

图 4-6 单极性 NRZ 码转换单极性 RZ 码示意图

针对信号频谱的特点来选择相匹配的信道,或者说根据信道的传输特性来选择合适的信号形式或码型。接下来我们讲解基带传输中另外三种传输码型。

5) 差分码

在差分码中,用相邻码元的电平的跳变和不变来表示"1"和"0",图 4-3 (e) 中,以电平跳变表示"1",以电平不变表示"0";当然也可以以电平跳变表示"0",以电平不变表示"1"。由于电平只具有相对意义,所以又称为相对码。用差分波形传送代码可以消除设备初始状态的影响。

在电报通信中,常把"1"称为传号(mark),把"0"称为空号(space)。若用电平跳变表示"1",称为传号差分码;若用电平跳变表示"0",则称为空号差分码。

用差分波形传送消息可以消除设备初始状态的影响,特别是在相位调制系统中可用于解决相位模糊问题(参见项目五)。

6) AMI 码

传号交替反转码(alternative mark inversion,AMI)是一种适用于基带传输的码型。AMI 码对应的波形是具有正、负、零三种电平的脉冲序列。

AMI 码的编码规则是:将消息码的"1"(传号)交替地变换为"+1"和"-1",而"0"(空号)保持不变。AMI 码的波形如图 4-3(f)所示,功率谱如图 4-7 所示。

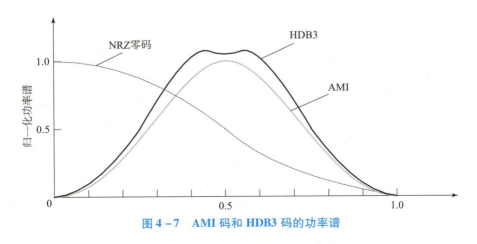

图 4-7 AMI 码和 HDB3 码的功率谱

AMI 码的波形是双极性的，单个脉冲波形为半占空归零脉冲，所以 AMI 码有以下优点：

（1）无直流分量，低频分量也较少，可用于有交流耦合（例如用变压器）的信道。

（2）功率谱中虽然没有位定时分量，但对 AMI 码进行全波整流后即得到单极性归零码，可从中提取位定时信号。

（3）传号码的极性是交替的，如果接收端发现不符合这种规律，一定是出现了误码，所以 AMI 码具有检错的能力。

由于上述优点，AMI 码得到了广泛的应用。

如果二进制码中出现长连 "0" 码，则 AMI 码将出现长时间的 "0" 电平，这就不利于位定时信号的提取。为了解决这一问题，必须对 AMI 码加以改进。

7）HDB3 码

三阶高密度双极性码（high density bipolar of order 3，HDB3 码）是一种适用于基带传输的编码方式，它是为了克服 AMI 码的缺点而出现的。HDB3 码保留了 AMI 码的所有优点，还可将连 "0" 码限制在 3 个以内，以解决 AMI 码遇长连 "0" 时提取位定时信号的困难。

HDB3 码编码规则：

（1）检查消息码中 "0" 的个数。当连 "0" 数目小于等于 3 时，HDB3 码与 AMI 码的编码规律相同。

（2）连 "0" 数目超过 3 个时，先将消息码中的 "1" 码用 B 码代替，然后将每 4 个连 "0" 用取代节 000V 或 B00V 代替。替换时要确保任意两个相邻 V 脉冲间的 B 脉冲数目为奇数，即当两个 V 脉冲之间的传号数为奇数时采用 000V 取代节，偶数时采用 B00V 取代节。

例如：

消息码：   1 0 0 0 0   1 0 0 0 0   1   1 0 0 0 0   0 0 0 0   1   1

AMI 码：   −1 0 0 0 0 +1 0 0 0 0 −1 +1 0 0 0 0   0 0 0 0 −1 +1

HDB3 码：−1 0 0 0 −V +1 0 0 0 +V −1 +1 −B 0 0 −V +B 0 0 +V −1 +1

取代节中 V 称为破坏脉冲，其功能是破坏极性交替变换，即 V 与前一个相邻的非 "0" 脉冲的极性相同；B 称为调节脉冲，其功能是满足极性交替变换。V 和 B 均代表 "1" 码且可正可负，即 "V±" 和 "B±" 脉冲与 "±1" 脉冲波形相同。

HDB3 码的波形如图 4−3（g）所示，功率谱如图 4−7 所示。HDB3 码的功率谱与 AMI 码的功率谱大体相同，图 4−7 中还用虚线画出 NRZ 码的功率谱，以示比较。

HDB3 码具有无直流、低频成分少、频带较窄、提取同步信息方便等优点，是应用最广泛的码型，目前四次群以下的 A 律 PCM 终端设备的接口码型均为 HDB3 码。

8）双相码

双相码又称曼彻斯特编码，它用一个周期的正、负对称方波表示 "0"，而用其相反波形表示 "1"。编码规则之一是："0" 码用 "01" 两位码表示，"1 码" 用 "10" 两位码表示。双相码波形是一种双极性 NRZ 波形，只有极性相反的两个电平，它的优点是在每个码元间隔的中心点都存在电平跳变，所以含有丰富的位定时信息，且没有直流分量，编码过程简单；缺点是占用带宽加倍，使频带利用率降低。

双相码适用于数据终端设备近距离传输，局域网常采用该码作为传输码型。

消息码：0 1 1 0 1 1 0

双相码：10 01 01 10 01 10 10

9）CMI 码

CMI 码是传号反转码的简称，与双相码类似，它也是一种双极性二电平码。其编码规则是："1"码交替用"11"和"00"两位码表示，"0"码固定用"01"码表示。

CMI 码易于实现，含有丰富的定时信息。此外，由于"10"为禁用码组，不会出现三个以上的连码，这个规律可用来宏观检错。该码已被 ITU-T 推荐为 PCM 四次群的接口码型，也用在速率低于 8.448 Mbit/s 的光缆传输系统中。

10）块编码

为了提高线路编码性能，需要某种冗余来确保码型的同步和检错能力，引入块编码，可以在某种程度上达到这两个目的。块编码的形式有 nBmB 码、nBmT 码等。

nBmB 码是一类块编码，它把原信息码流的 n 位二进制码分为组，并置换为 m 位二进制码的新码组，其中 $m>n$，前面所介绍的双相码和 CMI 码都可看作 1B2B 码，在光纤通信系统中，常选择 $m=n+1$，5B6B 码型已实用化，常用作三次群和四次群以上的线路传输码型。

nBmT 码的设计思想是将 n 个二进制码变换成 m 个三进制码的新码组，且 $m<n$。例如 4B3T 码，它把 4 个二进制码变换成 3 个三进制码。显然，在相同的码速率下，4B3T 码的信息容量大于 1B1T 码，因而可以提高频带利用率。4B3T、8B6T 等适用于较高速率的数据传输系统，如高次群同轴电缆传输系统。图 4-8 是 4B3T 波形。

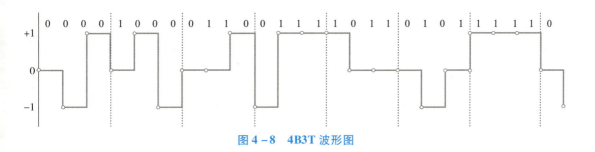

图 4-8 4B3T 波形图

常见几种传输码型 1

常用几种传输码型 2

任务思考：根据上面介绍的双相码和 CMI 码，请画出它们的波形图。

任务 3　码间串扰及奈奎斯特定理

任务描述

本任务介绍码间串扰的原因及实现无码间串扰存在的奈奎斯特定理。

任务目标

- 知识目标：解释码间串扰，分析理想低通系统和升余弦系统。
- 能力目标：能够根据理想低通系统和升余弦系统计算频带利用率和最高传输速率。
- 素质目标：具备找差距、补短板的学习能力。

任务实施

图4-9是基带传输系统的各点波形。图4-9（a）是输入的基带信号；图4-9（b）是进行码型变换后的波形；图4-9（c）是进行了波形变换，是一种适合在信道中传输的波形；图4-9（d）是信道输出信号，可以看出，输出波形产生了失真并添加了噪声；图4-9（e）是接收滤波器输出波形；图4-9（f）是位定时脉冲；图4-9（g）是恢复的信息，其中第7个码元发生了误码。

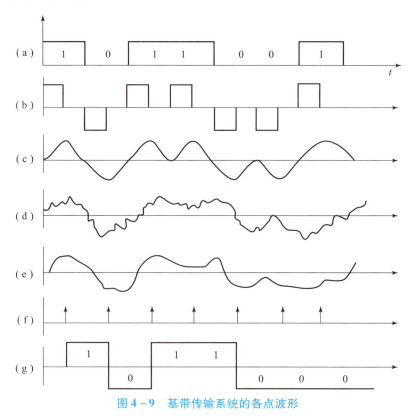

图4-9　基带传输系统的各点波形

误码是由接收端抽样判决器的错误判决造成的,而造成错误判决的原因主要有两个:一是码间串扰(ISI);二是信道加性噪声的影响。码间串扰是传输总特性(包括收、发滤波器和信道的特性)不理想引起的波形延迟、展宽、拖尾等畸变,使码元之间相互串扰。此时,实际抽样判决不仅有本码元的值,还有其他码元在该码元抽样时刻的串扰值及噪声。显然,接收端能否正确恢复信息,在于能否有效地抑制噪声和减小这些可能的串扰。

4.3.1 码间串扰

由于通信信道的带宽不可能无穷大,也就是频带受限(带限),因此信号经过频带受限的系统传输后,其波形在时域上必定是无限延伸的。这样,前面的码元对后面的若干码元就会造成不良影响,这种影响被称为码间串扰(或码间干扰、符号间干扰)。如图4-10所示,几个固定间隔 T_s 的码元"1011",在时域上是有限的,但在频域上是交叉的。信道总是带限

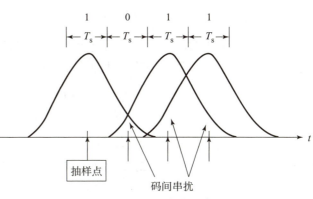

图4-10 码间串扰示意图

的,带限信道对通过的脉冲波形进行拓展,当信道带宽远大于脉冲带宽时,脉冲的拓展很小;当信道带宽接近于信号的带宽时,拓展将会超过一个码元周期,造成信号脉冲的重叠。

码间串扰是数字通信系统中除噪声干扰之外最主要的干扰,它与加性噪声干扰不同,是一种乘性干扰。造成码间串扰的原因有很多,实际上,只要传输信道的频带是有限的,就会造成一定的码间串扰。码间串扰和信道噪声是影响基带信号进行可靠传输的主要因素,而它们都与基带传输系统的传输特性有密切的关系。这就需要考虑如何设计基带系统的总传输特性,才能够把码间串扰和噪声的影响减到足够小。

4.3.2 消除码间串扰

由于数字信息序列是随机的,想通过接收滤波器输出的取样信号间各项相互抵消的方式,使码间串扰为零是行不通的,这就需要对基带传输系统的总传输特性 $h(t)$ 的波形提出要求。如果相邻码元的前一个码元的波形到达后,后一个码元在取样判决时刻时已经衰减到0,如图4-11(a)所示,就能满足要求。但是,这样的波形不易实现,因为现实中的 $h(t)$ 波形有很长的"拖尾",也正是由于每个码元的"拖尾"造成了相邻码元的串扰,但是只要让它在 t_0+T_s,T_0+2T_s 等取样判决时刻上恰好"0",就能消除码间串扰,如图4-11(b)所示,这也是消除码间串扰的基本思想。

根据上面的原理,假设信道和接收滤波器所造成的延迟 $t_0=0$ 时,无码间串扰的基带系统的冲激响应应满足下式:

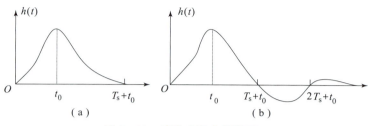

图 4-11 消除码间串扰的原理

$$h(kT_s) = \begin{cases} 1, & k = 0 \\ 0, & k \text{ 为其他整数} \end{cases}$$

上式说明，无码间串扰的基带系统的冲激响应除 $t_0 = 0$ 时取值不为零外，其他取样时刻上的取样值均为零，则系统传输特性的传递函数可表示为

$$H(\omega) = \begin{cases} T_s, & |\omega| \leqslant \dfrac{\pi}{T_s} \\ 0, & |\omega| > \dfrac{\pi}{T_s} \end{cases}$$

上式中，$H(\omega)$ 是一个理想的低通滤波器，它的冲击响应如图 4-12（a）所示，即为

$$h(t) = \frac{\sin(\pi t/T_s)}{\pi t/T_s} = \text{Sa}(\pi t/T_s)$$

由表达式可知 $h(t)$ 有周期性零点。当发送序列间隔为 T_s 时，正好可利用这些零点，如图 4-12（b）所示的虚线，实现了无码间串扰传输。

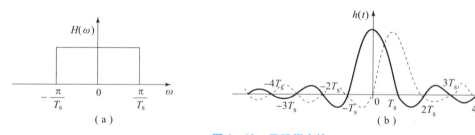

图 4-12 无码间串扰

下面我们分析一下具有理想低通系统的一些性能指标。

由图 4-11 可知，理想低通系统的传输带宽为

$$B = \frac{\pi/T_s}{2\pi} = \frac{1}{2T_s}$$

通常把这个带宽称为奈奎斯特带宽，此时，若以 $R_B = 1/T_s$ 的码元传输速率进行传输，则在抽样时刻上不存在码间串扰，若以高于 $1/T_s$ 波特的码元传输速率传输时，将存在码间串扰。无码间串扰的最高传输速率 $R_B = 1/T_s$，也称为奈奎斯特速率。

这时频带利用率为

$$\eta = \frac{R_B}{B} = \frac{1/T_s}{1/2T_s} = 2 \text{ Baud/Hz}$$

在抽样值无串扰条件下，这是基带系统传输所能达到的极限情况。也就是说，在频带 f_c 内，速率 $2f_c$ 是极限速率，这个极限速率是不能逾越的，任何数字传输系统都必须遵守。或者说，若已知码元传输速率为 $R_B = 1/T_s$，则最小传输带宽是码元传输速率的一半。这里的码元可以是二元码，也可以是多元码。

又因为码元传输速率相同时，二进制码元和 M 进制码元的传输带宽是相同的。这样，基带系统传输 M 进制码元所达到的最高频带利用率为

$$\eta = \frac{R_B}{B} \log_2 M \ (\text{Baud/Hz})$$

4.3.3 余弦滚降信号

理想低通传输特性是我们所追求的网络特性，它不仅消除了码间干扰，而且能够达到性能极限，然而它是非物理可实现的。为了解决这个问题，可对理想低通的锐截止特性进行适当"圆滑"（通常称为滚降），即把锐截止变成缓慢截止，这样的滤波器物理上是可实现的。

目前常用的滚降特性有余弦滚降和直线滚降两种，下面以常用的余弦滚降特性为例讲解无码间串扰传输。

在图 4-13 中，滚降特性 $H(\omega)$ 可以看成是理想低通和另一传递函数的叠加。可以证明，只要 $H(\omega)$ 在滚降段中心频率处（与奈奎斯特带宽 f_N）呈奇对称的振幅特性，就必然可以满足消除码间串扰条件，从而实现无码间串扰传输。这种设计也可看成理想低通特征以奈奎斯特带宽 f_N 为中心，按奇对称条件进行滚降的结果。f_N 称为奈奎斯特带宽，f_Δ 称为超出奈奎斯特带宽的扩展量。

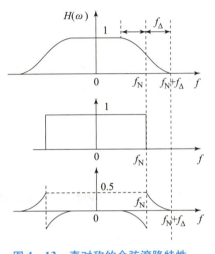

图 4-13 奇对称的余弦滚降特性

根据余弦特性滚降的传输函数 $H(\omega)$，得出用于描述滚降程度的滚降系数 α，定义为

$$\alpha = \frac{f_\Delta}{f_N}$$

α 的取值范围是 $0 \leq \alpha \leq 1$。$\alpha = 0$ 时，$f_\Delta = 0$，为理想低通特性，$\alpha = 1$ 时，$f_\Delta = f_N$，为升余弦特性。

图 4-14 画出了几种滚降特性和冲激响应曲线，可以看出，滚降系数越大，$h(t)$ 的拖尾衰减越快，传输带宽越大，余弦滚降系统的最高频带利用率为

$$\eta = \frac{R_B}{B} = \frac{2f_N}{(1+\alpha)f_N} = \frac{2}{(1+\alpha)} \ (\text{Baud/Hz})$$

【例 4-1】 例：某一基带传输系统特性如图 4-15 所示。

试求：（1）奈奎斯特带宽 f_N；

（2）系统滚降系数 α；

（3）码元传输速率 R_B；

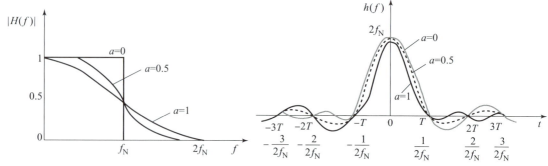

图 4-14 几种滚降特性和冲激响应曲线

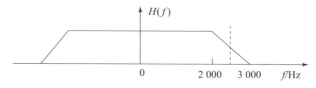

图 4-15 某基带传输系统特性

（4）采用八电平传输时信息传输速率 R_b；

（5）频带利用率 η。

解：（1）$f_N = 2\,000 + (3\,000 - 1\,000)/2 = 2\,500$（Hz）

（2）$\alpha = (3\,000 - 2\,500)/2\,500 = 1/5$

（3）$R_B = 2f_N = 2 \times 2\,500 = 5\,000$（Hz）

（4）$R_b = R_B \log_2 8 = 5\,000 \times 3 = 15\,000$（b/s）

（5）$\eta = 15\,000/3\,000 = 5$ [b/(s·Hz)]

码间干扰及奈奎斯特定理（微课视频）

任务思考：什么是奈奎斯特速率和奈奎斯特带宽？

任务 4　部分响应技术

任务描述

本任务介绍提高频带利用率的部分响应技术。

🌀 任务目标

- ✓ 知识目标：解析部分响应技术，分析部分响应波形特点。
- ✓ 能力目标：能够解释产生差错传播的原因及解决方案。
- ✓ 素质目标：具备反思的学习能力。

🌀 任务实施

前面讨论了理想低通和升余弦特征的传输系统，由前面的分析可知：具有理想低通特性的传输系统虽然频带利用率可以达到最高，但其冲击响应的波形拖尾太大；而具有升余弦特性的传输系统虽然可以减小波形拖尾的幅度，但是以牺牲频带利用率为代价的，那么能否找到一种既能达到最高的系统频带利用率，又能消除码间串扰的方法？

4.4.1 部分响应波形

事实上，存在这样一类系统，称为部分响应系统，它既能使频带利用率提高到理论上的最大值，又可以形成尾部衰减大、收敛快的传输波形，从而降低对定时取样精度的要求，其传输波形称为部分响应波形。

我们已经熟知，波形 $\frac{\sin x}{x}$ 的"拖尾"严重，但通过观察如图 4-12（b）所示的 $\frac{\sin x}{x}$ 波形，可发现相距一个码元间隔的两个 $\frac{\sin x}{x}$ 波形的"拖尾"刚好正负相反，利用这样的波形组合可以构成"拖尾"衰减很快的脉冲波形。根据这一思路，我们可用两个间隔为一个码元长度 T_s 的 $\frac{\sin x}{x}$ 的合成波来代替，合成波形 $g(t)$ 及其频谱函数的 $G(\omega)$ 表达式为

$$g(t) = \frac{\sin \frac{\pi}{T_s}\left(t + \frac{T_s}{2}\right)}{\frac{\pi}{T_s}\left(t + \frac{T_s}{2}\right)} + \frac{\sin \frac{\pi}{T_s}\left(t - \frac{T_s}{2}\right)}{\frac{\pi}{T_s}\left(t - \frac{T_s}{2}\right)} \qquad (4-1)$$

经过简化后可以得到

$$g(t) = \frac{4}{\pi} \frac{\cos(\pi t/T_s)}{1 - 4t^2/T_s^2} \qquad (4-2)$$

它的频谱函数为

$$G(\omega) = \begin{cases} 2T_s \cos \frac{\omega T_s}{2}, & |\omega| \leq \frac{\pi}{T_s} \\ 0, & |\omega| > \frac{\pi}{T_s} \end{cases} \qquad (4-3)$$

可见，除了在相邻的取样时刻 $t = \pm \frac{T_s}{2}$，$g(t) = 1$，其余的取样时刻上，$g(t)$ 具有等间

隔零点，波形图如图 4-16 所示。

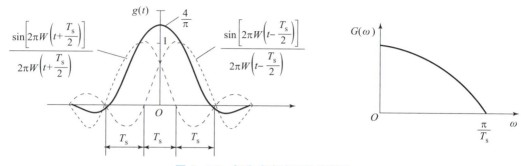

图 4-16 部分响应波形及其频谱

4.4.2 部分响应系统特点

由波形图可知部分响应信号具有如下特点：

（1）合成波的部分响应在相同进制的条件下，其频带利用率与理想低通特性传输系统的频带利用率相同。用部分响应信号的脉冲波形作为系统的传输波形，当以码元宽度为间隔进行判决时，只会在相邻的两个码元之间发生串扰，其他判决时刻不会发生串扰，如图 4-17 所示。这样，如果前一个码元已知，则此码元对后一码元的串扰就是已知的，所以后一码元就可以通过该时刻的取样值减前一码元的串扰

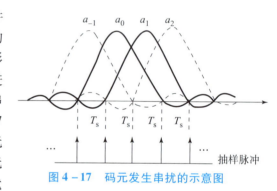

图 4-17 码元发生串扰的示意图

值得到。所以部分响应的传输特性可以达到极限频带利用，同时可以消除码间串扰。其实可以这么理解，它的码间串扰是已知的，是可以控制的，接收端可以将它消除掉。

（2）部分响应具有缓慢的滚降过度特性，其冲击响应的波形"拖尾"按 $\frac{1}{t^2}$ 衰减，如表达式（4-2）所示。这是因为相距一个码元周期的波形正负"拖尾"相互抵消。显然，部分响应可以改善理想低通特性传输系统的拖尾幅度。

（3）部分响应虽然弥补了理想低通特性的缺点，但它是以相邻两个码元取样时刻出现一个与收发端取样值相同幅度的串扰为代价的。由于存在固定幅度的串扰，使部分响应信号序列中出现了新的取样值，故称为"伪电平"。这个伪电平会造成误码的扩散，即一个码元错判，会造成后几个码元的错判。产生差错传播的原因是，在有控制地引入码间串扰的过程中，使原本独立的码元变成相关码元，正是码元之间的这种相关性导致了接收判决的差错传播。为了避免因相关编码而引起的差错传播问题，可以在发送端相关编码之前进行预编码，有关的原理可见下面的微课视频。

任务思考：采用部分响应系统的优点是什么？

部分响应技术(微课视频二维码)

任务 5　眼图与均衡

任务描述

本任务介绍基带传输系统性能评价的实验手段——眼图。

任务目标

- 知识目标：理解眼图概念及分析眼图模型。
- 能力目标：能够根据眼图特点定性分析码间串扰和噪声大小。
- 素质目标：具备敬业乐业的精神。

任务实施

在实际工程中，部件调试不理想或信道特性发生变化，都可能使系统的性能变坏。除了用专用精密仪器进行定量的测量以外，在调试和维护工作中，技术人员希望用简单的方法和通用仪器也能宏观监测系统的性能，其中一个有效的实验方法是观察眼图。

4.5.1　基带传输系统的测量工具——眼图

眼图是利用实验手段方便地估计和改善系统性能时在示波器上观察到的一种图形。眼图的作用是观察出码间串扰和噪声的影响，从而估计系统性能的优劣程度。获得眼图的方法是将待测的基带信号加到示波器的输入端，同时把位定时信号作为扫描同步信号，然后调整示波器扫描周期，使示波器对基带信号的扫描周期严格与码元周期同步，这样，各码元的波形就会重叠起来。对于二进制数字信号，这个图形与人眼相像，故称为"眼图"。眼图的"眼睛"张开的大小反映着码间串扰的强弱。"眼睛"张得越大，且眼图越端正，表示码间串扰越小；反之表示码间串扰越大。

观察图 4-18 可以了解双极性二元码的眼图形成情况。图 4-18(a)为没有失真的波形，示波器将此波形每隔 T_s 秒重复扫描一次，利用示波器的余辉效应，扫描所得的波形重叠在一起，结果形成图 4-18(b)所示的"开启"的眼图；图 4-18(c)是有失真的基带信号的波形，重叠后的波形会变差，张开程度变小，如图4-18（d）所示。基带波形的失真通常是由噪声和码间串扰造成的，所以眼图的形状能定性地反映系统的性能。

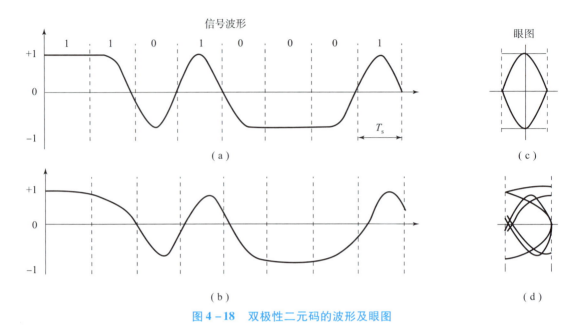

图4-18 双极性二元码的波形及眼图

为了解释眼图与系统性能之间的关系，可把眼图抽象为一个模型，如图4-19所示。

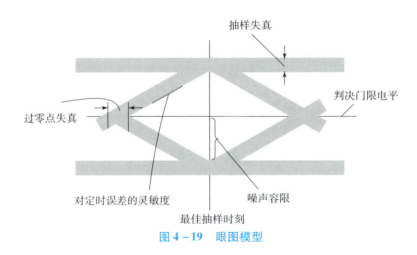

图4-19 眼图模型

由眼图可以获得的信息有：

（1）最佳取样时刻应选在眼图张开最大的时刻，此时的信噪比最大。

（2）眼图斜边的斜率反映出系统对定时误差的灵敏度，斜率越大，对定时误差愈灵敏，对定时稳定度要求愈高。

（3）在抽样时刻，上下两阴影区的间隔距离之半为噪声容限，若噪声瞬时值超过它就可能发生错判。

(4) 图中央的横轴位置对应于判决门限电平。

当码间串扰十分严重时，"眼睛"会完全闭合起来，系统不可能无误工作，因此就必须对码间串扰进行校正。

4.5.2 基带传输系统的调整工具——均衡器

我们从理论上找到了消除码间串扰的方法，也就是使基带系统的传输总特性 $S(\omega)$ 满足奈奎斯特第一准则。但实际实现时，由于难免存在滤波器的设计误差和信道特性的变化，无法实现理想的传输特性，故在抽样时刻上总会存在一定的码间串扰，从而导致系统性能的下降。当串扰造成严重影响时，必须对整个系统的传递函数进行校正，使其接近无失真传输条件。这种校正可以采用串接一个滤波器的方法，以补偿整个系统的幅频和相频特性，这种校正是在频域进行的，称为频域均衡；如果校正在时域进行，即直接校正系统的冲激响应，则称为时域均衡。目前数字基带传输系统中大部分采用时域均衡，下面对时域均衡的基本原理做一简单介绍。

时域均衡的基本思想可用图 4-20 所示波形来简单说明。它是利用波形补偿的方法对失真的波形加以直接校正，这可以利用观察波形的方法直接加以调节。在图 4-20 (a) 中，接收到的单个脉冲波形由于信道特性不理想而产生了"拖尾"现象，对其他码元波形形成了码间串扰。如果设法加上一条补偿波形，如图 4-20 (a) 中虚线所示，那么这个补偿波形恰好把原来失真波形的"尾巴"抵消掉，使校正后的波形不再有"拖尾"，如图 4-20 (b) 所示，这就消除了码间串扰。

时域均衡器的作用就是形成图 4-20 (a) 中虚线所示的补偿波形。由于该补偿波形的形成过程较复杂，本书对具体均衡器的组成和工作原理不做过多介绍，有兴趣的读者可自行参阅有关资料。

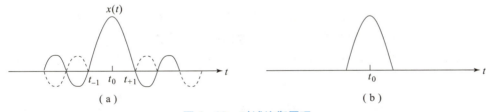

图 4-20 时域均衡原理

任务思考：眼图可以定性反映码间串扰的大小和噪声的大小，眼图的线条越细干扰越严重，还是线条越粗干扰越严重？

项目测验

一、填空题

1. 数字基带信号不经载波（   ）而直接进行传输，叫基带传输系统。
2. 传输码型也称传输码或（   ）。

3. 由于系统传输总特性不理想，导致前后码元的波形畸变并使前面波形出现很长的拖尾，从而对当前码元的判决造成的干扰称为（　　　　）。

4. 码间串扰和（　　　　）是影响基带信号进行可靠传输的两大主要因素。

5. 无码间串扰的频带利用率 η 为（　　　　）Baud/Hz。

6. 改进 AMI 的方法中，（　　　　）码就是其中富有代表性的一种。

二、选择题

1. 用相邻电平发生跳变来表示码元 1，反之则表示 0 的二元码是（　　　　），它由于信码 1、0 与电平之间不存在绝对对应关系，可以解决相位键控同步解调时的相位模糊现象而得到广泛应用。

　　A. AMI 码　　　　　　　　　　　B. HDB3 码
　　C. 传号差分 NRZ（M）码　　　　D. 空号差分 NRZ（S）码

2. 在白噪声背景下等概率的传输二进制双极性信号，若抽样判决器输入信号的峰值为 5 V，则最佳判决门限电平为（　　　　）。

　　A. 0 V　　　　B. 2.5 V　　　　C. 5 V　　　　D. －5 V

3. 用 HDB3 码取代 AMI 码的目的是（　　　　）。

　　A. 消除直流分量　　　　　　　　B. 解决定时问题
　　C. 滤除噪声　　　　　　　　　　D. 提高抗噪声性能

4. 观察眼图应使用的仪表为（　　　　）。

　　A. 频率计　　　　B. 万用表　　　　C. 示波器　　　　D. 扫频仪

5. 设某传输码序列为 +1 -1 0 0 0 0 +1 0 0 -1 +1 0 0 -1 +1 0 0 -1，该传输码属于（　　　　）。

　　A. RZ 码　　　　B. HDB3 码　　　　C. AMI 码　　　　D. CMI 码

三、判断题（正确的打√，错误的打×）

（　　）1. 数字基带传输系统一般用在远程通信中。

（　　）2. 基带信号是指所占带宽远离零频的信号。

（　　）3. 部分响应基带传输系统中，相关编码是为了有控制地引入码间干扰。

（　　）4. 基带传输系统的总误码率与判决门限电平有关。

（　　）5. 使用理想低通特性实现无码间串扰传输可以达到基带传输系统的最高频带利用率 2 b/(s·Hz)。

四、简答题

1. 构成 AMI 码和 HDB3 码的规则是什么？它们各有什么优缺点？

2. 码间串扰是如何产生的？对通信质量有什么影响？

3. 部分响应技术解决了什么问题？

4. 已知信码序列为 101100000000001001，试确定相应的 AMI 码和 HDB3 码。

5. 设二进制符号序列为 11010101100001101111101，试画出相应的八电平和四电平波形。若波特率相同，谁的比特率更高？

二维码－项目四－参考答案

项目五

剖析数字通信的带通传输机理

知识点思维导图

学习目标思维导图

案例导入

单片机的使用领域十分广泛，如智能仪表、实时工控、导航系统、家用电器等。单片机调制解调器 MC6800L 使用 FSK 调制，适用于 600 波特以下的传输速率。

QPSK（正交相移键控）调制则广泛应用在卫星链路、数字集群等通信业务，在基于 DVB–S 的卫星通信电视系统中，卫星输出的电磁波信号就是使用 QPSK 调制方式产生的。

任务 1　二进制幅移键控（2ASK）

任务描述

本任务介绍数字调制的一种调制方式——二进制幅移键控（binary amplitude shift keying，2ASK）。

任务目标

- ✓ 知识目标：理解数字调制的概念，区别三种基本键控方式，分析 2ASK 解调方式。
- ✓ 能力目标：能够区别 2ASK 信号产生的两种方法，识别 2ASK 信号波形特点。
- ✓ 素质目标：具有积极向上的生活态度。

任务实施

5.1.1 数字调制

在数字基带传输系统中,为了使数字基带信号能够在信道中传输,要求信道应具有低通形式的传输特性。但实际中大多数信道都是带通型信道,比如无线信道中的微波通信、卫星通信、无线电广播等,有线信道中的光纤通信等。为了使数字基带信号能在这些通信系统中传输,就需要把数字基带信号的频谱搬移到这些通信系统的频带上去,这种频谱搬移的过程就是调制的过程。由于调制信号为数字基带信号,因此将这种调制称为数字调制。

应该指出,在"模拟调制"与"数字调制"之间,就调制的目的与原理而言,两者并没有什么区别。因为数字基带信号是模拟基带信号的一种特定形式。因此,数字调制可以认为是模拟调制中的一个特例。然而,数字信号有离散取值的特点。因此实现数字调制有两种方法:①利用模拟调制的方法去实现数字调制;②利用开关键控载波来实现数字调制。因此,数字调制又称为键控。根据基带信号控制正弦载波参数的不同,通常有三种基本的数字键控方式:幅移键控(ASK)、频移键控(FSK)和相移键控(PSK 和 DPSK)。

数字信息有二进制和多进制之分,因此,数字调制可分为二进制调制和多进制调制。在二进制调制中,信号参量只有两种可能的取值;而在多进制调制中,信号参量可能有 M($M>2$)种取值。

带通传输 - 微课视频二维码

5.1.2 2ASK 调制原理与实现

假设数字基带信号的序列为{1 0 1 1 0 1},则该序列所对应的 2ASK 波形如图 5-1 所示。从图中可以看出,基带信号相当于开关,当其值取"1"时,载波原样输出,当其值为"0"时,没有载波输出。整个过程相当于一个电子开关的开关控制,所以这种调制称为幅移键控调制,2ASK 又称为通断键控信号。

2ASK 信号产生的方法一般有两种,分别是图 5-2(a)采用的模拟调制法和图 5-2(b)采用的键控法。

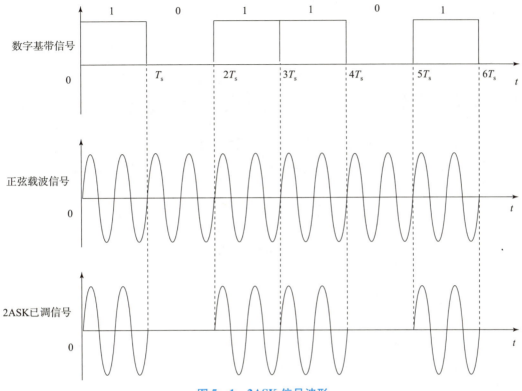

图 5-1　2ASK 信号波形

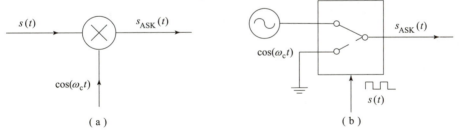

图 5-2　2ASK 信号产生的方式
（a）模拟调制法；（b）键控法

5.1.3　2ASK 信号的解调

2ASK 信号解调如同模拟幅度调制信号一样，有两种解调方法：一种是非相干解调（又叫包络检波），另一种是相干解调（又叫同步检测）。

非相干解调如图 5-3（a）所示。已调信号中包含有 2ASK 信号的高斯白噪声，带通滤波器用以通过所需的频带并限制噪声。全波整流器构成了包络检波器。低通滤波器是将波形平滑，并滤去高频端噪声。取样判决电路是使接收到的脉冲只在时钟到达的瞬时进行抽样，并对应于一定的门限值而判决为"1"或"0"信号。

相干解调如图 5-3（b）所示。图中用乘法器替代非相干解调的包络检波器，同时需要一个本地载波，它的频率和相位与发送端载波信号一致。

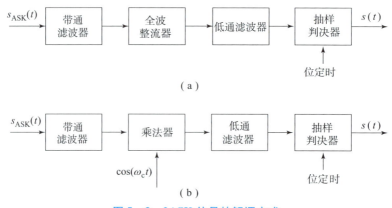

图 5-3 2ASK 信号的解调方式
（a）非相干解调；（b）相干解调

5.1.4 2ASK 信号的功率谱密度

由于 2ASK 信号是随机的功率信号，故研究它的频谱特性时，应讨论它的功率谱密度。一个 2ASK 信号 $s_{ASK}(t)$ 的功率谱密度如图 5-4 所示。

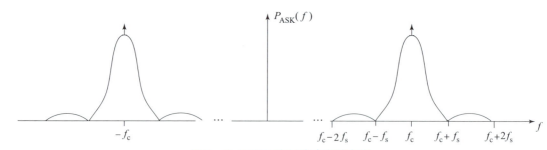

图 5-4 2ASK 信号的功率谱密度

由图 5-4 可知：

①2ASK 信号的功率谱由连续谱和离散谱两部分组成。其中，连续谱取决于数字基带信号 $s(t)$ 经线性调制后的双边带谱，而离散谱则由载波分量确定。

②如同双边带调制一样，2ASK 信号的带宽 B_{ASK} 是数字基带信号带宽（$B = f_s$）的两倍：

$$B_{ASK} = 2B = 2f_s$$

2ASK 调制（微课视频二维码）

任务思考：2ASK 信号传输带宽与基带信号的带宽有什么关系？

任务 2　二进制频移键控（2FSK）

任务描述

本任务介绍数字调制的另一种调制方式——二进制频移键控（binary frequency shift keying，2FSK）。

任务目标

- 知识目标：理解 2FSK 调制原理，对比 2ASK 与 2FSK 信号波形特点。
- 能力目标：能够分析 2FSK 独有的解调方式。
- 素质目标：具备分析问题、解决问题的能力。

任务实施

2FSK 调制是继幅移键控信号之后出现的比较早的一种调制方式，由于它的抗噪声、抗衰减性能优于 2ASK，设备又不复杂，实现也比较容易，所以一直在很多场合应用，例如中低速数据传输，尤其是在有衰减的无线信道中。

5.2.1　2FSK 原理

FSK 系统中用不同的载波频率来表征数字基带信息。对于二进制信号来讲，用两个载波频率就可以完全表征。

仍假设数字基带信号的序列为 {1 0 1 1 0 1}，则该序列所对应的 2FSK 波形如图 5-5 所示。

类似地，2FSK 信号可以采用模拟调制法来产生，如图 5-6（a）所示；也可以采用键控法来实现，如图 5-6（b）所示。

5.2.2　2FSK 信号的解调

2FSK 信号的解调方法有相干解调、非相干解调和过零检测等。图 5-7 为最常见的非相干解调和相干解调。其解调原理是将 2FSK 信号分解为上下两路 2ASK 信号分别进行解调，然后进行抽样判决。这里的抽样判决是直接比较两路信号抽样值的大小，可以不专门设置门限。判决规则应与调制规则相呼应，调制时若规定"1"符号对应载波频率 ω_1，则接收时上支路的样值较大，应判为"1"；反之则判为"0"。

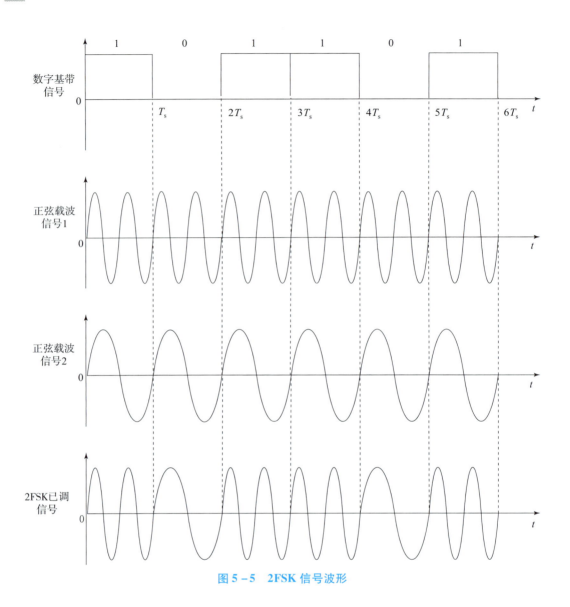

图 5-5 2FSK 信号波形

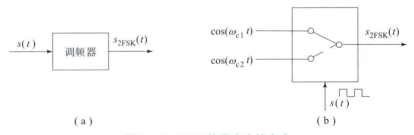

图 5-6 2FSK 信号产生的方式
(a) 模拟调制法；(b) 键控法

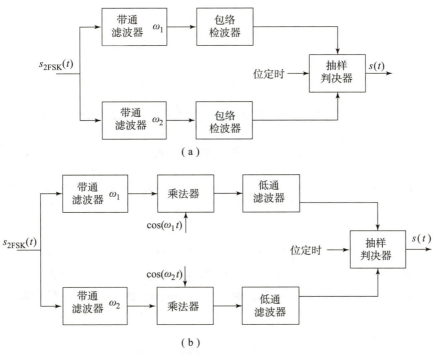

图 5–7 2FSK 信号的解调
(a) 非相干解调；(b) 相干解调

5.2.3 2FSK 信号的功率谱密度

对于相位不连续的 2FSK 信号，可以看成由两个不同载频的 2ASK 信号叠加而成，它可以表示为

$$s_{FSK}(t) = s_1(t)\cos(\omega_1 t) + s_2(t)\cos(\omega_2 t)$$

式中，$s_1(t)$ 和 $s_2(t)$ 为两路二进制基带信号。

据 2ASK 信号功率谱密度的表示式，不难写出这种 2FSK 信号的功率谱密度的表示式：

$$\begin{aligned}P_{2FSK}(f) &= P_{2ASK}(f_1) + P_{2ASK}(f_2)\\ &= \frac{T_s}{16}\{Sa^2[\pi(f-f_1)T_s]^2 + Sa^2[\pi(f+f_1)T_s]^2 + Sa^2[\pi(f-f_2)T_s]^2 + Sa^2[\pi(f+f_2)T_s]^2\} + \frac{1}{16}[\delta(f+f_1) + \delta(f-f_1) + \delta(f+f_2) + \delta(f-f_2)]\end{aligned}$$

2FSK 信号的功率谱密度曲线如图 5–8 所示。

由图 5–8 可知：

①2FSK 信号的功率谱由连续谱和离散谱组成。其中，连续谱由两个中心位于 f_1 和 f_2 处的双边谱叠加而成，离散谱位于两个载频 f_1 和 f_2 处；

②连续谱的形状随着两个载频之差的大小而变化，若 $|f_1 - f_2| < f_s$，连续谱在 f_0（两个载频的中心频率）处出现单峰；若 $|f_1 - f_2| > f_s$，则出现双峰；

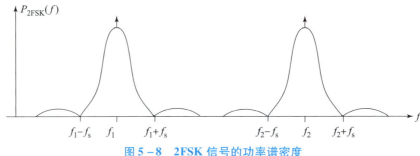

图 5-8　2FSK 信号的功率谱密度

③若以功率谱第一个零点之间的频率间隔计算 2FSK 信号的带宽，则其带宽近似为

$$B_{2FSK} = |f_2 - f_1| + 2f_s$$

式中，f_s 为码元周期的倒数。

FSK 在中低速数据传输中应用广泛，国际电信联盟（ITU）规定，速率低于 1 200 b/s 时，使用 FSK 方式。例如，目前使用的单片机调制解调器 MC6800L 适用于 600 b/s 以下的传输速率，中心频率 1 170 Hz，传"1"时，载频为 1 270 Hz，传"0"时，载频为 1 070 Hz，带宽为 (1 270 − 1 070) + 2 × 600 = 1 400 （Hz）。

2FSK 调制（微课视频二维码）

任务思考：2FSK 信号相邻码元的相位是否连续变化与其产生方法有何关系？

任务 3　二进制相移键控（2PSK）

任务描述

本任务介绍数字调制的第三种调制方式——二进制相移键控（binary phase shift keying，2PSK）。

任务目标

- 知识目标：理解 2PSK 调制原理，描述信号波形特点。
- 能力目标：能够解释 2PSK 调制的"倒 π"现象或者"反相工作"。
- 素质目标：具备分析问题、解决问题的能力。

任务实施

数字调相与数字调幅、数字调频相比，在数据传输中占用更重要的地位。数字调相又称相移键控调制，它是利用载波相位变化来反映数据信息的，此时载波的振幅和频率都不变化。相移键控信号的抗噪声性能比 ASK 信号和 FSK 信号都要好，在中高速的数据传输中广泛采用调相技术。

5.3.1 2PSK 原理

在 2PSK 中，通常用初始相位 0 和 π 分别表示二进制"1"和"0"。因此，2PSK 信号的时域表达式为

$$s_{2PSK}(t) = A\cos(\omega_c t + \phi_n)$$

式中，ϕ_n 表示第 n 个符号的绝对相位。

$$\phi_n = \begin{cases} 0, & \text{发送 "1" 时} \\ \pi, & \text{发送 "0" 时} \end{cases}$$

因此，上式可以改写为

$$s_{2PSK}(t) = \begin{cases} A\cos(\omega_c t), & \text{概率为 } P \\ -A\cos(\omega_c t), & \text{概率为 } 1-P \end{cases}$$

这种以载波的不同相位直接去表示相应二进制数字信号的调制方式，称为二进制绝对相移方式。

由于两种码元的波形相同，极性相反，故 2PSK 信号可以表述为一个双极性全占空矩形脉冲序列与一个正弦载波的相乘：

$$s_{2PSK}(t) = s(t)\cos(\omega_c t)$$

式中：$s(t) = \sum_n a_n g(t - nT_s)$，$g(t)$ 是脉宽为 T_s 的单个矩形脉冲，a_n 如下：

$$a_n = \begin{cases} 1, & \text{概率为 } P \\ -1, & \text{概率为 } 1-P \end{cases}$$

可以发现，2PSK 信号的时域表达式与 2ASK 的时域表达式完全相同，区别仅在于基带信号 $s(t)$ 不同（a_n 不同），前者为单极性，后者为双极性。

仍假设数字基带信号的序列为 {1 0 1 1 0 1}，则该序列所对应的 2PSK 波形如图 5-9 所示。

类似地，2PSK 信号的产生可以采用模拟调制的方式，如图 5-10（a）所示；也可以采用键控方式，如图 5-10（b）所示。实际中多采用键控方式实现。

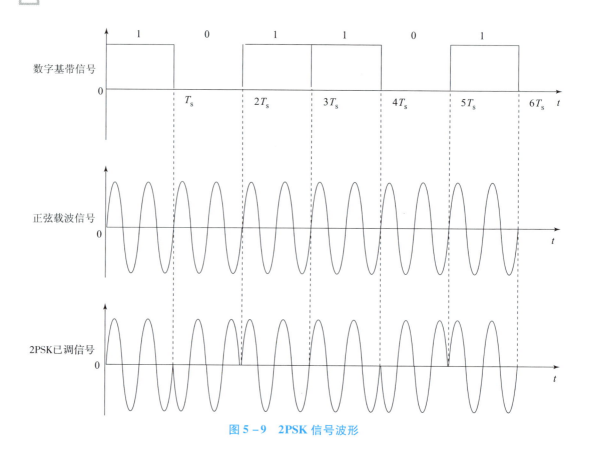

图 5-9 2PSK 信号波形

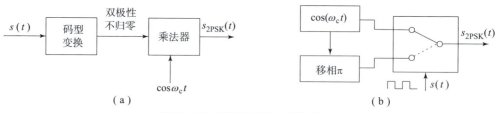

图 5-10 2PSK 信号产生的方式
（a）模拟调制法；（b）键控法

5.3.2 2PSK 信号的解调

由于 2PSK 信号具有恒定的包络，因而不能用包络解调法解调，应采用相干解调器解调，其原理框图如图 5-11 所示。

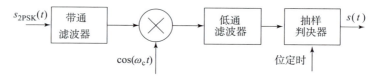

图 5-11 2PSK 信号的相干解调原理框图

在 2PSK 信号相干解调中，接收端需要一个相干载波，该相干载波信号通常都是从 2PSK 已调信号中提取的。但是，通过对 2PSK 信号进行频谱分析发现，该信号中并不含有离散的载波分量，需要通过非线性变换来产生离散的载波分量。实现这种非线性变换的电路常为含有锁相环的平方电路，其原理如图 5-12 所示。

图 5-12　含有锁相环的平方电路相干载波提取

2PSK 信号通过平方电路后将产生一个 $2f_c$ 的新频率成分，经过窄带滤波器以后便可得到频率为 $2f_c$ 的正弦信号，它通过锁相环分频便可得到一个频率和载波频率相同的正弦信号。但是，在提取过程中，由于锁相环本身就是一个非线性电路，当它处于稳定平衡状态时，输出相位将有多个可能值，且为 π 的整数倍，即

$$c(t) = \cos(\omega_c t + \theta_n) + \cos(\omega_c t + n\pi)$$

而接收端数字信号的恢复是靠相干载波的标准相位来进行的，一旦标准相位发生变化，将会直接影响数字信号的正确接收。上述相干载波相位的不确定性在工程上就称为相位模糊，由于出现的可能相位都是 π 的整数倍，当 n 为偶数时，此时相干载波的相位与发送端的标准相位相同，当 n 为奇数时，此时相干载波的相位与发送端的标准相位恰好相反，故又叫作"倒 π"现象。

由此可见，系统一旦发生相位模糊将引起解调信号输出的不确定性，这也是 2PSK 方式在实际中很少采用的主要原因。为了克服相位模糊对相干解调的影响，通常采用二进制差分相移键控（2DPSK）的方法。

5.3.3　2PSK 信号的功率谱密度

由于 2ASK 信号表达式和 2PSK 信号表达式的表示形式完全相同，因此，2PSK 信号的功率谱密度曲线如图 5-13 所示。

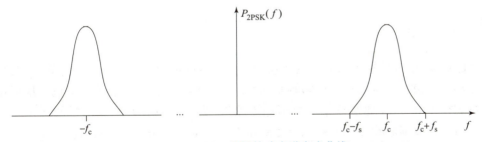

图 5-13　2PSK 信号的功率谱密度曲线

由图 5-13 可知，二进制相移键控信号的频谱特性与 2ASK 的十分相似，带宽也是基带信号带宽的 2 倍。区别仅在于当概率 $P = \dfrac{1}{2}$ 时，其谱中无离散谱（即载波分量），此时 2PSK 信号实际上相当于抑制载波的双边带信号。因此，可以将其看作双极性基带信号作用下的调幅信号。

2PSK 调制（微课视频二维码）

任务思考：2PSK 能用包络检波法解调吗？2PSK 与 2ASK 的功率谱有什么区别？

任务 4　二进制差分相移键控（2DPSK）

任务描述

本任务介绍克服 2PSK 调制缺点的一种调制方式——二进制差分相称键控（binary differential phase shift keying，2DPSK）调制。

任务目标

- ✓ 知识目标：对比 2PSK 与 2DPSK 调制原理，区分相对码和绝对码，差分相干解调的应用。
- ✓ 能力目标：能够根据信息码元绘制 2DPSK 波形，比较四种数字调制的性能。
- ✓ 素质目标：具备分析事物规律并运用规律的能力。

任务实施

5.4.1　二进制差分相移键控的原理

上面已经谈到，2PSK 系统容易发生相位模糊，克服的措施就是采用差分相移键控方式。所谓差分相移键控，是利用前后相邻码元的载波相对相位的变化来传递信息的，所以也称为相对相移键控差（2PSK 通常称作绝对相移键控）。也就是说，2DPSK 信号的相位并不直接代表基带信号，而前后相邻码元的载波相对相位差才唯一的决定信息符号。

$\Delta\varphi$ 通常定义为当前载波的起始相位与前一码元载波的起始相位差，若信息符号与 $\Delta\varphi$ 之间的关系为（当然，也可以定义与此相反的关系）

$$\Delta\varphi = \begin{cases} 0 & \text{表示数字信息 "0"} \\ \pi & \text{表示数字信息 "1"} \end{cases}$$

仍假设数字基带信号的序列为 {１０１１０１}，则该序列所对应的 2DPSK 波形如图 5－14 所示。

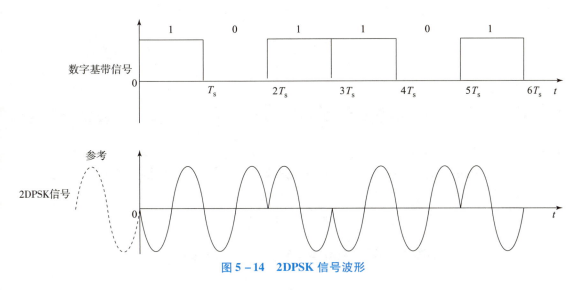

图 5 – 14　2DPSK 信号波形

2DPSK 信号是通过码变换加 2PSK 调制产生的，其产生原理如图 5 – 15 所示。这种方法是把基带信号经过绝对码 – 相对码（差分码）变换后，根据相对码进行绝对相移键控，其输出便是 2DPSK 信号。

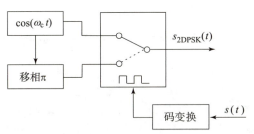

图 5 – 15　2DPSK 信号产生的原理图

5.4.2　2DPSK 信号的解调

2DPSK 信号的解调可以采用相干解调，也可以采用差分相干解调。相干解调中，由于解调出来的数字序列为相对码，故在接收端还要经过一个码反变换电路，将相对码转换成绝对码。相干解调的原理如图 5 – 16 所示。

图 5 – 16　2DPSK 信号的相干解调原理图

2DPSK 差分相干解调法，通常又称为相位比较法，相乘器起着相位比较的作用，相乘结果反映了前后码元的相位差，经低通滤波后再抽样判决，即可直接恢复出原始数字信息，故解调器中不需要码反变换器。差分相干解调的原理如图 5-17 所示。

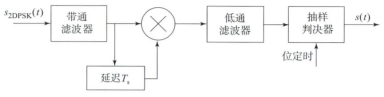

图 5-17　2DPSK 差分相干解调原理框图

需要注意的是，由于 2PSK 信号和 2DPSK 信号可以用同一个时间函数来表示，因此这两种信号具有相同的频谱特性和相同的带宽，均为码元传输速率的 2 倍。即

$$B_{2DPSK} = B_{2PSK} = 2f_s$$

5.4.3　二进制数字调制系统的性能比较

1）传输带宽

假设基带信号的码元宽度为 T_s，则基带信号的带宽近似为 $\frac{1}{T_s}$，由前面的讲述可知，2ASK 系统、2PSK 系统和 2DPSK 系统的带宽均为 $\frac{2}{T_s}$，即为基带信号带宽的 2 倍。$B_{2ASK} = B_{2PSK} = B_{2DPSK} = \frac{2}{T_s}$。2FSK 系统的带宽约为 $|f_2 - f_1| + \frac{2}{T_s}$。因此，在相同条件下，2FSK 信号的有效性最差。

2）误码率

二进制数字调制系统的误码率既与调制方式有关，也与解调方式有关，还与接收机（解调器）的输入信噪比 γ 有关。表 5-1 列出了二进制数字调制系统误码率公式。

表 5-1　二进制数字调制系统误码率公式

调制方式 \ 解调方式	相干解调	非相干解调
2ASK	$\frac{1}{2}\text{erfc}\left(\sqrt{\frac{r}{4}}\right)$	$\frac{1}{2}e^{-r/4}$
2FSK	$\frac{1}{2}\text{erfc}\left(\sqrt{\frac{r}{2}}\right)$	$\frac{1}{2}e^{-r/2}$
2PSK	$\frac{1}{2}\text{erfc}(\sqrt{r})$	
2DPSK	$\text{erfc}(\sqrt{r})$	$\frac{1}{2}e^{-r}$

图 5-18 示出了各种二进制数字调制系统的误码率与接收机（解调器）的输入信噪比 γ 之间的关系。从图中可以看出，在相同输入信噪比条件下，对于同一种调制方式，采用相干解调的误码率低于非相干解调的误码率；在相同误码率条件下，2ASK、2FSK、2DPSK 和

2PSK 所需的信噪比依次减小。

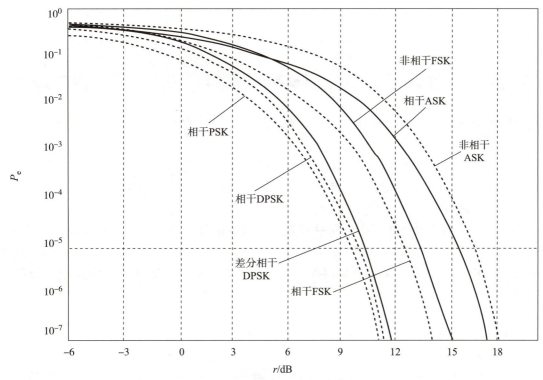

图 5-18　各种二进制数字调制系统的误码率曲线

2DPSK 调制（微课视频二维码）

任务思考：二进制数字调制系统的误码率与哪些因素有关？

任务 5　多进制数字调制

任务描述

本任务介绍提高频带利用率的多进制调制方式：多进制幅移键控和多进制频移键控。

任务目标

- ✓ 知识目标：理解多进制调制原理，对比二进制与多进制的信息传输速率。
- ✓ 能力目标：能够在二进制与多进制之间进行码元传输速率和信息传输速率的计算。
- ✓ 素质目标：具备创新性思维、多角度思维能力。

任务实施

二进制数字调制是数字调制系统的最基本方式，具有较强的抗干扰能力，但系统中每个码元只传输 1 bit 信息，其频带利用率不高。为了提高通信系统的有效性，最有效的办法是使一个码元传输多个比特的信息，这就是本节将要讨论的多进制键控体制。

在 M 进制的数字调制系统中，利用 M 进制的数字信号去控制正弦载波的幅度、频率和相位的变化，从而分别得到多进制幅移键控（MASK）、多进制频移键控（MFSK）和多进制相移键控（MPSK）信号。假设信息传输速率为 R_b，码元传输速率为 R_B，则在 M 进制的情况下有如下关系：

$$R_b = R_B \log_2 M$$

由此可见，在相同码元周期的情况下，多进制数字系统的信息传输速率是二进制数字系统的 $\log_2 M$ 倍。因此，在多进制系统中，可以获得较高的频带利用率。

但是，在相同的噪声下，多进制数字调制系统的抗噪声性能低于二进制数字调制系统。或者说为了保证一定的误码率，需要更高的信噪比，即需要更大的信号功率，这就是为了传输更多信息量所需要付出的代价。下面分别介绍几种多进制数字调制的原理。

5.5.1 多进制幅移键控

所谓多进制幅移键控，实际上是用 M 个离散电平值去控制载波幅度的过程，因此又称作多电平调制，它是 2ASK 体制的推广。

图 5-19 给出了这种基带信号和相应的 MASK 信号的波形举例。图中的信号是 4ASK 信号，即 $M=4$。每个码元含有 2 b 的信息。在图 5-19（a）中示出的基带信号是多进制单极性不归零脉冲，它有直流分量，此时的已调信号如图 5-19（b）所示；若改用多进制双极性不归零脉冲作为基带调制信号（如图 5-19（c）），此时的已调信号如图 5-19（d）所示，不难看出，这里得到的是抑制载波的 MASK 信号，是振幅键控和相位键控结合的已调信号。抑制载波 MASK 信号同样可以节省载波功率。

MASK 信号可以分解成若干个 2ASK 信号相加，即 MASK 信号的带宽与 2ASK 信号的带宽相同。

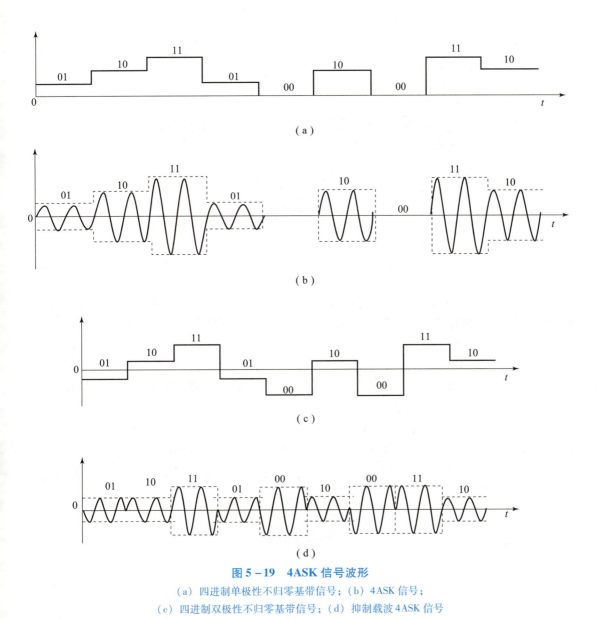

图 5-19 4ASK 信号波形

(a) 四进制单极性不归零基带信号；(b) 4ASK 信号；
(c) 四进制双极性不归零基带信号；(d) 抑制载波 4ASK 信号

5.5.2 多进制频移键控

多进制频移键控是用多个频率的正弦载波代表不同的多进制数字信号，且在某一码元间隔内只发送其中一个频率，每个频率的振荡可代表一个多进制码。多进制频移键控系统的组成方框图如图 5-20 所示。

发送端串/并变换是把输入的串行二进制码每 K 位分成一组，由逻辑电路转换成具有多种状态（$M = 2^K$ 个状态）的多进制码。当某组二进制到来时，逻辑电路的输出打开相应的某个门电路，使相应的载波发送出去，同时关闭其他门电路。

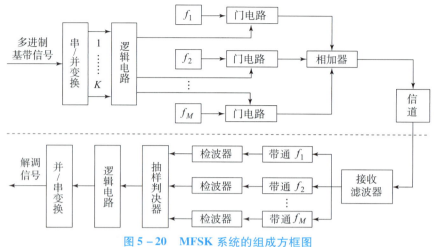

图 5-20　MFSK 系统的组成方框图

接收端由多个带通滤波器（中心频率为 $f_1, f_2, \cdots, f_M$）、包络检波器、抽样判决器及逻辑电路、并/串变换电路组成。当某一载频到来时，只有一个带通滤波器输出有信号和带内噪声，其他带通滤波器输出只有带内噪声。各带通滤波器输出经检波后送至抽样判决器，抽样判决器在给定时刻比较各检波器的输出，选出最大者输出（只有一个）并以此判决发送来的是哪一个载频。抽样判决器的最大者输出相当于多进制的某一码元，经逻辑电路转换成 K 位的二进制并行码，最后经并/串变换电路转换成串行二进制数字信号。

理论上，多进制频移键控应该具有多进制调制的一切特点，但由于 MFSK 的码元采用 M 个不同频率的载波，所以它占用较宽的频带，因此它的信道频带利用率并不高。

多进制调制（微课视频二维码）

任务思考：与二进制数字调制相比，多进制数字调制有哪些优缺点？

任务 6　正交相移键控（QPSK）

任务描述

本任务继续介绍提高频带利用率的多进制调制方式——正交相移键控（quadrature phase shift keying，QPSK）。

任务目标

- ✓ 知识目标：理解QPSK调制原理，比较A方式和B方式，分析格雷码的特点。
- ✓ 能力目标：能够解释QPSK正交调制信号的产生过程。
- ✓ 素质目标：具备创新性思维、多角度思维能力。

任务实施

多进制相移键控是利用载波的多种不同相位来表征数字信息的一种调制方式，是2PSK调制方式的推广。与二进制数字相位调制相同，多进制相移键控也有绝对相移键控（MPSK）和差分相移键控（MDPSK）两种。我们先来学习4PSK调制（QPSK）。

4PSK常称为正交相移键控。

为了方便，可以将4PSK信号用信号矢量图来描述。一般以0^0载波相位作为参考相位。载波的不同相位分别用于代表符号"1"和"0"。四进制数字相位调制信号矢量图如图5-21所示，载波相位有0、$\pi/2$、π、$3\pi/2$，分别代表信息11、01、00、10，载波相位也可以取$\pi/4$、$3\pi/4$、$5\pi/4$和$7\pi/4$，我们称相位的取值为A、B两种方式，具体如图5-21所示。

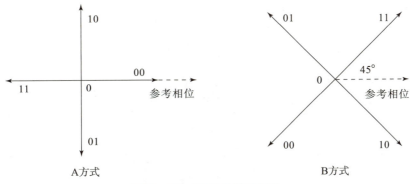

图5-21 4PSK系统的相位

用相位选择法可以产生4PSK信号，具体如下：使用四相载波产生器输出四种不同相位的载波，输入的二进制数据流经过变换后输出为双比特码元，逻辑选相电路根据输入的双比特码元在每个时间间隔内选择其中一种相位的载波作为输出，再滤除高频分量即可得到4PSK信号，如图5-22所示。

4PSK信号也可采用正交调制方式产生。该系统按照每两个比特为一组进行串/并变换，通过电平发生器分别产生双极性信号$I(t)$和$Q(t)$，然后分别对$\cos(\omega_c t)$和$\sin(\omega_c t)$进行调制，相加后即可得到4PSK信号，如图5-23所示，信号生成过程如图5-24所示。

4PSK的解调可以采用相干解调的方法来实现，其原理如图5-25所示。

2PSK信号相干解调过程中会产生180°的相位模糊，同样，4PSK信号相干解调过程也会产生相位模糊问题，并且是0°，90°，180°，270°四个相位模糊。因此，在实际中，更实用的是四相相对相移键控，即4DPSK方式。

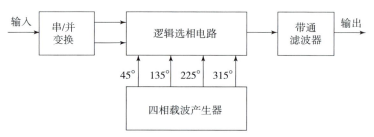

图 5-22 相位选择法产生 4PSK 信号

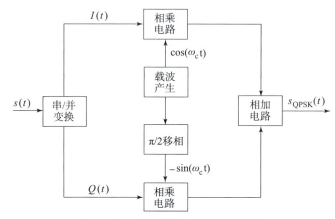

图 5-23 4PSK 正交调制原理框图

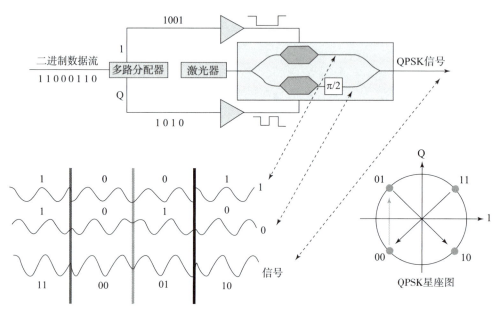

图 5-24 4PSK 信号生成示意图

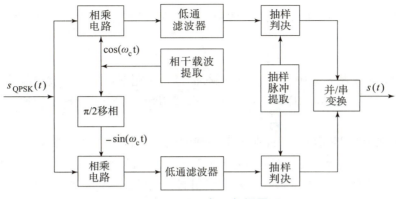

图 5-25　4PSK 相干解调原理

QPSK 调制（微课视频二维码）

任务思考：4PSK 为什么又称 QPSK？

项目测验

一、填空题

1. 2PSK 系统容易发生（　　　　　），克服的措施就是采用（　　　　　　）。
2. 实现数字调制有两种方法，利用模拟调制的方法和（　　　　　　）。
3. 频移键控系统中用不同的（　　　　　）来表征数字基带信息。
4. 2DPSK 信号的产生是通过（　　　　　）加 2PSK 调制，即根据相对码进行绝对相移键控。
5. 在相同的噪声下，多进制数字调制系统的抗噪声性能（　　　　　　）二进制数字调制系统。
6. 码元传输速率相同条件下，M 进制数字调制系统的信息速率是二进制的（　　　）倍。

二、选择题

1. 三种数字调制方式之间，其已调信号占用频带的大小关系为（　　）。
   A. 2ASK = 2PSK > 2FSK　　　　　B. 2ASK = 2PSK = 2FSK
   C. 2FSK > 2PSK = 2ASK　　　　　D. 2PSK > 2FSK > 2ASK
2. 可以采用差分解调方式进行解调的数字调制方式是（　　）。
   A. 2ASK　　　　B. 2FSK　　　　C. 2PSK　　　　D. 2DPSK
3. 二进制数字调制系统中，（　　）信号对信道特性变化最敏感，性能最差。

A. 2ASK　　　　B. 2PSK　　　　C. 2FSK　　　　D. 2DPSK

4. 等概时，假设接收机输入信号幅度为 a，则 2PSK 和 2ASK 最佳判决门限分别为（　　）。

A. $a/2$，0　　　B. 0，$a/2$　　　C. 0，0　　　D. $a/2$，$a/2$

5. 二进制数字调制系统中，（　　）系统的频带利用率最低，有效性最差。

A. 2ASK　　　　B. 2FSK　　　　C. 2DPSK　　　D. 2FSK

三、判断题（正确的打√，错误的打×）

（　　）1. 2FSK 调制可以看成两个不同载波的二进制振幅键控信号的叠加。

（　　）2. 4PSK 常称为正交相移键控（QPSK），它的每个码元含有 4 b 的信息。

（　　）3. QPSK 采用格雷码的好处在于相邻相位所代表的两个比特只有一位不同，这样编码可使总误比特率降低。

（　　）4. 二进制数字调制的抗干扰能力比多进制数字调制弱。

（　　）5. 2DPSK 调制是为了解决 2PSK 调制的"倒相"问题。

四、简答题

1. 设发送的二进制信息序列为 10111000，码元传输速率为 1 000Baud，载波信号为 $\sin(8\pi \times 10^4 t)$，请问每个码中包含多少个载波周期？

2. 数字调制的基本方式有哪些？其时间波形上各有什么特点？

3. 什么是绝对相移？什么是相对相移？它们有什么区别？

4. 2DPSK 与 2PSK 相比有哪些优势？

5. 解释相位模糊的现象。

二维码－项目五－参考答案

项目六

通晓新一代的带通传输机理

知识点思维导图

学习目标思维导图

案例导入

随着数字通信技术的发展，人们对视听娱乐的要求不断提高，高清数字电视（HDTV）进入了人们的视野。HDTV 对信息传输速率要求很高，主要通过压缩编码和有效的数字调制技术来实现。HDTV 使用的数字调制技术有 QAM、VSB、PSK 和 OFDM（正交频分复用）等。

数字蜂窝移动通信是在模拟蜂窝移动通信的基础上发展而来的，蜂窝移动通信网中广泛采用了 GMSK（高斯最小频移键控）调制、QPSK 调制、QAM 等数字调制方式。

任务 1 QAM 的原理

任务描述

本任务介绍一种新的数字调制体制——正交振幅调制（quadrature amplitude modulation，QAM）。

任务目标

- ✓ 知识目标：理解 QAM 的原理，分析 QAM 星座图。
- ✓ 能力目标：能够解释 QAM 的优势及应用场合。
- ✓ 素质目标：具备创新性思维、多角度思维能力。

任务实施

前面我们讨论了数字调制的三种基本方式：数字幅移键控、数字频移键控和数字相移键控。这三种数字调制方式是数字调制的基础。然而，这三种数字调制方式都存在某些不足，如频谱利用率低、抗多径衰落能力差、功率谱衰减慢、带外辐射严重等。为了改善这些不足，近几十年来人们陆续提出一些新的数字调制技术，以适应各种新的通信系统的要求。

6.1.1 QAM

QAM 是一种幅度和相位联合键控（APK）的调制方式。它可以提高系统可靠性，且能获得较高的频带利用率，是目前应用较为广泛的一种数字调制方式，其广泛应用于大容量数字微波通信、卫星通信、有线电视网络中。

QAM 是一种矢量调制，它同时利用了载波的幅度和相位传递比特信息，不同的幅度和相位代表不同的码元信息。图 6-1 为四种 QAM 的星座图，星座图用来描述 QAM 信号的空间分布状态。

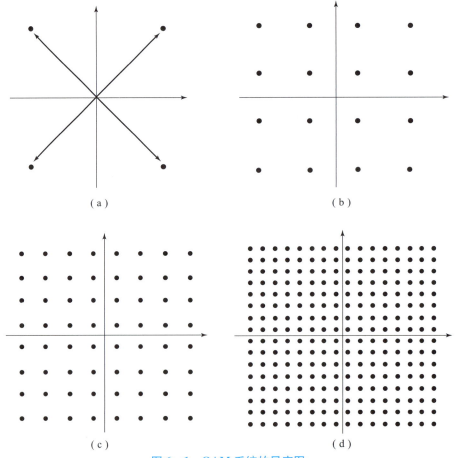

图 6-1 QAM 系统的星座图
（a）4QAM 信号矢量图 （b）16QAM 信号矢量图；（c）64QAM 信号矢量图 （d）256QAM 信号矢量图

在通信领域，星座图类似于眼图，也是分析信号时域特性的利器。星座图可理解为是信号矢量端点的分布图，因此可用极坐标来描述，极坐标中的一个点代表一个码元。需要注意的是，若为二进制数字调制，这个码元代表"0"或"1"；若为四进制数字调制，这个码元可能代表"00""01""10"或"11"四个状态中的某一个，以此类推。

在星座图中，点与原点间距离越大，其物理意义意味着信号能量越大；相邻两个点的距离越大，其物理意义代表抗干扰能力越强。

图 6-2 为 8ASK、8PSK、16PSK 系统的星座图。由星座图不难看出，8ASK 的信号点是分布在一条直线上的，而 8PSK 的信号点则分布在一个圆周上。很明显，8ASK 系统中两信号点的距离小于 8PSK 系统，故 8PSK 系统抗干扰能力强于 8ASK 系统。对于 8PSK 和 16PSK 系统来讲，16PSK 系统两信号点的距离明显小于 8PSK 系统，这就意味着在相同噪声条件下，16PSK 系统将有更高的误码率。当两个信号点的距离越近时，其信号波形就越接近，也就越容易受到噪声的干扰而造成误判。

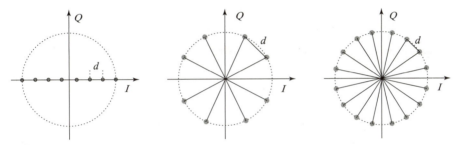

图 6-2　8ASK、8PSK、16PSK 系统的星座图

为了增加两信号点的距离，可以采用增加发射功率的方法，即增加圆周半径，但在许多通信系统中，发射功率常常受到限制，所以，在不增加信号平均功率的前提下，通过安排信号点在星座图中的位置，可以增大两个信号点之间的距离，从而降低系统的误码率。

6.1.2　QAM 的原理

QAM 是用两路独立的基带数字信号对两个相互正交的同频载波进行抑制载波的双边带调制。它利用已调信号在同一带宽内频谱正交的性质来实现两路并行的数字信息传输。即将所得到的两路已调信号叠加起来进行传输，其调制原理如图 6-3 所示。在 QAM 方式中，基带信号可以是二电平的，又可以是多电平的。

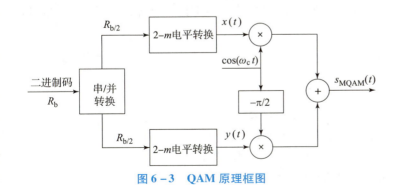

图 6-3　QAM 原理框图

QAM（微课视频二维码）

任务思考：QAM 与 MPSK 调制有什么不同？

任务 2　MSK 调制原理

任务描述

本任务介绍另一种新的数字调制体制——最小频移键控（minimum frequency shift keying，MSK 调制）。

任务目标

- 知识目标：对比 FSK 和 MSK 调制原理及波形特点。
- 能力目标：能够说出 MSK 的优势及应用场合。
- 素质目标：具备创新性思维、多角度思维能力。

任务实施

前面介绍的 QPSK 是 MPSK 系统中应用较广泛的一种调制方式，交错四相相移键控（OQPSK）是继 QPSK 之后发展起来的一种恒包络数字调制技术，是 QPSK 的一种改进形式，OQPSK 克服了 QPSK 的 180°的相位跳变问题，性能得到改善，但是，当码元转换时，相位变化还是不连续，存在 90°相位跳变，因而高频滚慢，频带仍然较宽。其主要用在卫星通信和移动通信领域。

6.2.1　MSK 调制

2FSK 体制虽然性能优良、易于实现，但是它也有不足之处。首先，它占用的频带宽度比 2PSK 大；其次，使用键控法产生的 2FSK 信号，相邻码元波形的相位不连续。因此在通过带通特性的电路后，信号的包络起伏比较大，一般来说，2FSK 信号的两种码元波形不一定严格正交。

MSK 是种常用的、能够产生恒定包络和连续相位信号的高效调制方法。MSK 是一种特殊的 2FSK 信号，其在相邻符号交界处相位保持连续。图 6-4 是 MSK 信号的时间波形图和 MSK 信号产生原理图。

MSK 的主要特点可以概括为：

(1) MSK 信号的包络恒定不变；
(2) 在码元转换时刻，信号的相位连续；
(3) 信号的频偏等于 $1/(4T_B)$，调制指数 $h=0.5$；
(4) 在一个码元期间，附加相位线性变化 $\pm\pi/2$；
(5) 在每个码元周期内必须包含 1/4 载波周期的整数倍；
(6) 两种码元包含的正弦波数均相差 1/2 个周期；

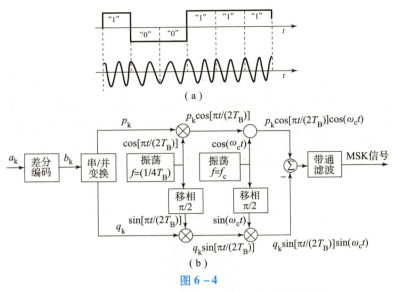

图 6-4

(a) MSK 信号的时间波形图；(b) MSK 信号产生原理图

（7）功率谱密度的主瓣较 QPSK 宽，但滚降速率较快；

（8）若采用相干接收，最小频率间隔的条件为 $1/(2T_B)$。

MSK 称为最小频移键控，有时也称为快速频移键控（FFSK）。所谓最小，是指这种调制方式能以最小的调制指数（0.5）获得正交信号，而"快速"是指在同样的频带范围内，MSK 比 2PSK 的数据传输速率更高，且在带外的频谱分量要比 2PSK 衰减得更快。因此，当信道带宽一定时，MSK 的数据传输速度更快，功率谱密度更集中，旁瓣下降更快，对于相邻频道的干扰更小，更适合在非线性信道中传输。MSK 在短波、微波、卫星通信中有着广泛的应用。图 6-5 是 MSK、GMSK 和 OQPSK 等信号的功率谱密度图。

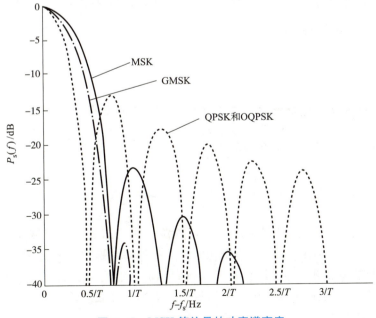

图 6-5　MSK 等信号的功率谱密度

6.2.2 GMSK 调制

MSK 信号虽然具有频谱特性和误码性能较好的特点,但是在一些通信场合,例如在移动通信中,MSK 所占带宽较宽,且其频谱的带外衰减不够快,以至于会产生信道干扰。为此,人们设法对 MSK 进行改进,即在 MSK 调制之前,用一个高斯型低通滤波器对矩形的输入基带信号进行预处理,这种体制称为高斯最小频移键控,即 GMSK。GMSK 调制方式能够满足移动通信环境对邻道干扰的严格要求,其良好的性能被用于 GSM 数字蜂窝移动通信系统中。

MSK 调制(增加微课视频)

任务思考:MSK 信号具有什么特点?

任务 3 OFDM 调制原理

任务描述

本任务主要介绍在 4G 移动通信中广泛采用的多载波调制原理——OFDM(orthogonal frequency division multiplexing)。

任务目标

- ✓ 知识目标:了解 OFDM 发展过程及理解 OFDM 调制原理。
- ✓ 能力目标:能够讲述 OFDM 调制的特点及应用场合。
- ✓ 素质目标:具备学习能力和创新能力。

任务实施

前面我们讨论的数字调制都是采用一个正弦振荡作为载波,将基带信号调制到此载波上,这种体制称为串行体制。和串行体制相对应的一种体制是并行体制,它是将高速的信息数据流经串/并变换,分割成若干路低速率并行数据流,然后每路低速率数据采用一个独立的载波调制并叠加在一起构成发送信号,这种系统也称为多载波传输系统。多载波传输系统原理图如图 6-6 所示。

图 6-6　多载波传输系统原理图

6.3.1　OFDM 调制特点

在并行体制中，OFDM 方式是一种高效调制技术，它具有较强的抗多径传播和频率选择性衰落的能力，也有较高的频谱利用率，因此得到了深入的研究。20 世纪 80 年代，人们提出了采用离散傅里叶变换来实现多个载波的调制技术，简化了系统结构，使得 OFDM 多载波技术实用化。当前，随着大规模集成电路的发展，硬件的数字信号处理能力得到了极大改善，从而使得 OFDM 系统成功地应用于接入网中的 HDSL（高速数字环路）、ADSL（非对称数字环路）、HDTV（高清晰度电视）的地面广播系统中。在移动通信中，OFDM 是第四代移动通信系统采用的核心技术。

OFDM 是一种高效率调制技术，其基本原理是将发送的数据流分散到许多子载波上，使各子载波的信号速率大为降低，从而提高抗多径和抗衰落能力。为了提高频谱利用率，OFDM 方式中各子载波频谱有重叠，但保持相互正交，在接收端通过相关解调技术分离出各子载波，同时消除码间干扰的影响。

6.3.2　传统的 OFDM 调制原理

OFDM 调制与解调原理如图 6-7 所示。

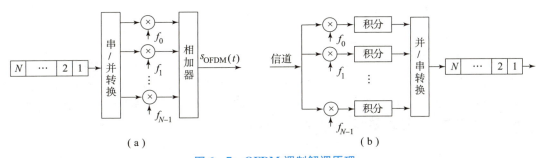

图 6-7　OFDM 调制解调原理
(a) OFDM 调制原理；(b) OFDM 解调原理

N 个待发送的串行数据经串/并变换后，得到 N 路并行码，码型选用双极性 NRZ 矩形脉冲，经 N 个子载波分别对 N 路并行码进行 2PSK 调制，然后相加得到 OFDM 信号（当然这 N 路并行码也可以是不同的多进制码元，分别进行 MQAM 调制）。

为了使 N 路子信道信号在接收时能够完全分离，要求它们的子载波满足相互正交的条件。解调时，使用积分电路，然后进行并/串变换，得到原始信息。

OFDM 的频谱结构如图 6-8 所示，OFDM 方式中各子载波频谱有 1/2 重叠，但只要保持相互正交，在接收端就可以分离出各子载波，同时消除码间串扰的影响。从图 6-9 中可以看出，并行的 OFDM 体制与串行的单载波体制相比，频带利用率大约提高一倍。

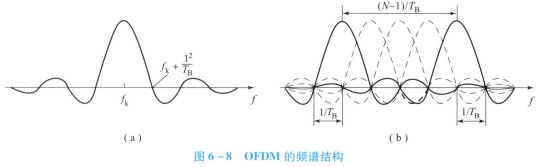

图 6-8　OFDM 的频谱结构

(a) 单个 OFDM 子带频谱；(b) OFDM 信号频谱

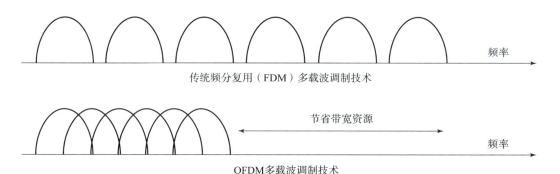

图 6-9　FDM 与 OFDM 的频带利用率比较

6.3.3　基于快速傅里叶变换的 OFDM 调制

前述实现方法所需设备非常复杂，特别是当 N 很大时，需要大量的正弦波发生器、调制器和相关解调器，费用非常昂贵。实际应用中，一般采用快速离散傅里叶变换及逆变换来实现多个载波的调制和解调，这样能显著降低运算的复杂度，并且易于和 DSP 技术相结合，且能通过使用软件无线电手段实现大规模的应用，如图 6-10 所示。

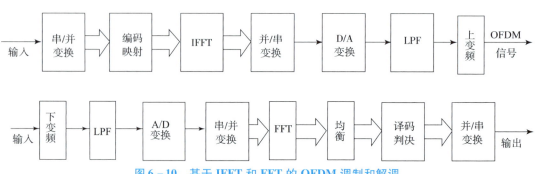

图 6-10　基于 IFFT 和 FFT 的 OFDM 调制和解调

OFDM 系统抗脉冲干扰的能力比单载波系统强很多,原因是对 OFDM 信号的解调是在一个很长的符号周期内积分,从而分散了脉冲噪声的影响。事实上,对脉冲干扰有效的抑制作用是最初研究多载波系统的动机之一,在抗多径传播上,OFDM 系统把信息分散到多个载波上,大大降低了各子载波的信号速率,使符号周期比多径延迟要长,从而能够减弱多径传播的影响。若再采用保护间隔和时域均衡等措施,则可以有效降低符号间的干扰(ISI)。

(微课视频 – 添加 OFDM 微课视频)

任务 4　扩展频谱通信

任务描述

本任务主要介绍扩展频谱通信的概念、原理与应用。

任务目标

- ✓ 知识目标:理解扩展频谱通信的概念,分析扩频和解扩过程。
- ✓ 能力目标:能够根据多路信息码及扩频码绘制出扩频码片信号。
- ✓ 素质目标:具备举一反三的学习能力。

任务实施

6.4.1　扩频的概念及作用

扩展频谱通信系统是指将基带信号的频谱通过某种调制扩展到远大于原基带信号带宽的系统。例如,一个带宽为几千赫兹的语音信号,用振幅调制时,占用带宽仅为语音信号带宽的 2 倍,而在扩频通信系统中,可能占用几兆赫兹的带宽。扩频通信的理论基础是香农的信道容量公式。香农公式告诉人们,为达到给定信道容量的要求,可以用带宽换取信噪比,也就是在低信噪声比条件下可以用增大带宽的方法无误地传输给定的信息。在移动通信系统环境中,信道是随机信道,信噪比低,可以通过扩频通信实现给定的传输速率。扩频的目的有以下几个:

(1) 提高抗窄带干扰能力。特别是提高抗有意干扰的能力,如敌对电台的有意干扰。因为这类干扰的带宽窄,所以对于宽带扩频信号的影响不大。

（2）防止窃听。扩频信号的发射功率虽然不是很小，但是其功率密度可以很小，小到低于噪声的功率谱密度，将发射信号隐藏在背景噪声中，使侦听者很难发现。此外，由于采用了伪码，窃听者不能方便地听懂发送的消息。

（3）提高抗多径传输效应的能力。因为扩频调制采用了扩频伪码，它可以用来分离多径信号，所以有可能提高抗多径的能力。

（4）使多个用户可以共用同一频带。在同一扩展频谱频带内，不同用户采用互相正交的不同扩频码，就可以区分不同的用户，从而按照码分多址（code division multiple access，CDMA）的原理工作。这种方案已经被广泛地应用于第三代蜂窝移动通信网中，第三代移动通信的制式 TD - CDMA 就是以 CDMA 命名的，CDMA 就是第三代移动通信的关键技术。

（5）提供测距能力。通过测量扩频信号的自相关特性的峰值出现时刻，可以从信号传输时间（延迟）的大小计算出传输距离。

6.4.2　无线通信系统中 CDMA 实现原理

利用扩频技术，对多个用户的多路数据用不同码字进行扩频处理，即可实现 CDMA。

扩频：输入码流与扩频码相乘，将低速码流转换成高速码片流。扩频码通常为一段伪随机码序列（又称为伪码），伪码的一个单元称为一个码片（chip），由于扩频后的码片速率远远大于信息码元的速率，因此已调信号的频谱得到了扩展。

解扩：高速码片流与解扩码（与扩频码相同）相乘、求和，结果为正，判决为 0；结果为负，判决为 1，即可恢复出原始码流。扩频和解扩频原理如图 6 - 11 所示。

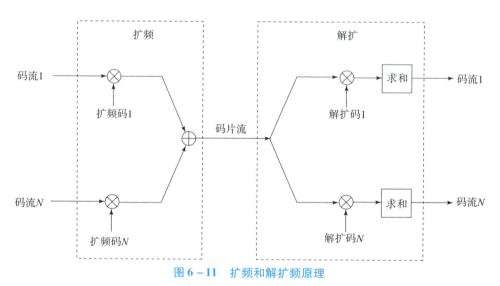

图 6 - 11　扩频和解扩频原理

扩频码：为不同用户分配相互正交的扩频码。

【例 6 - 1】假设用户 A 输入的码流是 0110，扩频码是 0101；用户 B 输入的的码流是 1101，扩频码是 0011。在这里，0 映射为 +1，1 映射为 -1。用户 A 的扩频输入和输出波形如图 6 - 12 所示，用户 B 的扩频输入和输出波形如图 6 - 13 所示。

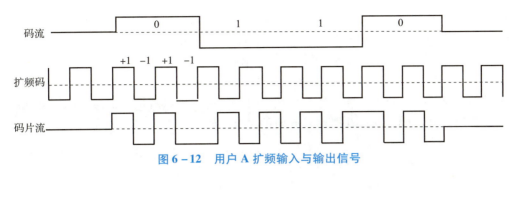

图 6-12　用户 A 扩频输入与输出信号

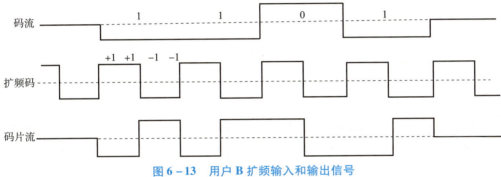

图 6-13　用户 B 扩频输入和输出信号

用户 A 和用户 B 的码片流进行叠加，输出结果如图 6-14 所示。

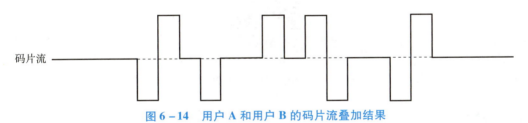

图 6-14　用户 A 和用户 B 的码片流叠加结果

用户 A 解扩，根据前面的解扩原理，可知输出为 0110，如图 6-15 所示。

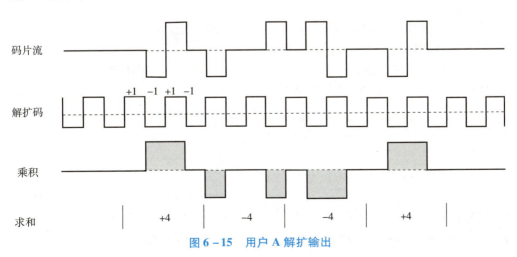

图 6-15　用户 A 解扩输出

同理，用户 B 使用自己的扩频码解扩，则输出为 1101。在这里，重点介绍扩频码的特点，扩频码一般采用 Walsh 码，Walsh 码的正交性体现在如下两个方面：

（1）两个相同的 N 阶的 Walsh 码相乘，再求和，结果为 N；

（2）两个不同的 N 阶的 Walsh 码相乘，再求和，结果为 0。

正是因为 Walsh 码的正交性，才有：用自身的扩频码可以解扩出信号，而用其他的扩频码无法解扩出信号。如图 6-16 所示是 8 阶的 Walsh 码。

$$\begin{bmatrix} +1 & +1 & +1 & +1 & +1 & +1 & +1 & +1 \\ +1 & -1 & +1 & -1 & +1 & -1 & +1 & -1 \\ +1 & +1 & -1 & -1 & +1 & +1 & -1 & -1 \\ +1 & -1 & -1 & +1 & +1 & -1 & -1 & +1 \\ +1 & +1 & +1 & +1 & -1 & -1 & -1 & -1 \\ +1 & -1 & +1 & -1 & -1 & +1 & -1 & +1 \\ +1 & +1 & -1 & -1 & -1 & -1 & +1 & +1 \\ +1 & -1 & -1 & +1 & -1 & +1 & +1 & -1 \end{bmatrix} \begin{matrix} W_0 \\ W_1 \\ W_2 \\ W_3 \\ W_4 \\ W_5 \\ W_6 \\ W_7 \end{matrix}$$

图 6-16 8 阶 Walsh 码

很明显，符合正交性的特点。CDMA 系统前向信道采用了 64 阶 Walsh 码，分配给导频信道、同步信道、寻呼信道、业务信道使用。CDMA 的码片速率为 1.228 8 Mbit/s。

扩频通信（微课视频二维码）

任务思考：在 OFDM 信号中，对各路子载频的间隔有什么要求？

项目测验

一、填空题

1. 16QAM 调制中一个码元携带（ ）个比特。
2. MSK 信号的包络（ ），相位（ ）。
3. QAM 是一种矢量调制，是（ ）和（ ）联合调制的技术。
4. MSK 称为最小频移键控，所谓最小，是指这种调制方式能以最小的调制指数（ ）获得正交信号。
5. OFDM 方式中各子载波频谱有重叠，但保持（ ）。

二、选择题

1. MSK 调制方式的突出优点是（ ）。
   A. 信号具有恒定振幅 B. 信号的功率谱在主瓣以外衰减较快
   C. 信号具有规则起伏的振幅 D. MSK 信号的相位连续
2. 在 OFDM 中，各相邻子载波的频率间隔等于最小容许间隔（ ）。

A. $1/T_B$ B. $2/T_B$ C. $3/T_B$ D. $4/T_B$

3. 64QAM 调制中一个码元可以携带（　　）比特。

A. 8 B. 4 C. 6 D. 10

4. OFDM 调制的特点有哪些？（　　）（多项选择题）

A. 较强的抗多径衰落能力

B. 较高的频带利用率

C. 对信道产生的频率偏移和相位噪声比较敏感

D. 信号的峰值功率和平均功率较大

三、判断题（正确的打√，错误的打×）

（　　）1. 相等功率下，16QAM 比 16PSK 有更高的噪声容限。

（　　）2. MSK 信号的功率谱密度比 QPSK 更为集中，其旁瓣下降得更快，所以对于相邻频道的干扰更小。

（　　）3. MSK 的误比特性能和 2PSK、QPSK 等性能一样。

（　　）4. OFDM 调制中，各路子载波的调制方式一定要相同。

（　　）5. OFDM 信号的峰值功率和平均功率的比值较大，这会降低射频功率放大器的效率。

四、简答题

1. 试述 MSK 信号的特点。

2. OFDM 信号的主要优点是什么？

3. 简述 QAM 的应用场合。

4. 在 4G 移动通信中使用了正交多址接入技术，即 OFDMA，而在 5G 移动通信中，采用了 NOMA（非正交多址接入），请讲述 NOMA 与 OFDMA 的关系，NOMA 与正交多址抛入技术的差异。

二维码 – 项目六 – 参考答案

项目七

领会实现通信可靠性的差错控制编码技术

知识点思维导图

学习目标思维导图

案例导入

计算机局域网的误码率要求小于 10^{-6},它采用的差错控制编码技术是循环冗余编码;移动通信常采用的差错控制编码则有卷积码、Turbo 码、LDPC 码等。

任务1 差错控制编码概述

任务描述

本任务主要介绍提高通信系统可靠性的信道编码技术——差错控制编码的概念及控制方式。

任务目标

- ✓ 知识目标:理解信道编码的概念及作用,分析三种差错控制方式。
- ✓ 能力目标:能够区分不同的差错控制方式及对应的应用场景。
- ✓ 素质目标:具备"精于工、匠于心、品于行"的工匠精神。

任务实施

7.1.1 信道编码的概念

不管是模拟通信系统还是数字通信系统,都会因干扰和信道传输特性不好对信号造成不良影响。对于模拟信号而言,信号波形会发生畸变,引起信号失真,并且信号一旦失真就很难纠正过来,因此在模拟通信系统中只能采取各种抗干扰、防干扰措施,如选择高质量的传输线路,改善信道的传输特性,增加信号的发射功率,选择有较强抗干扰能力的调制解调方案等,尽量将干扰降低到最低限度以保证通信质量。而在数字通信中,尽管干扰同样会使信号变形,但一定程度的信号畸变不会影响对数字信号的接收,因为我们只关心数字信号的电平状态,而不太在乎其波形的失真,但是当干扰超过系统的限度就会使数字信号产生误码,从而引起信息传输错误。

数字通信系统除了可以采取与模拟通信系统同样的措施以降低干扰和信道不良对信号造成的影响外,还可以通过对所传数字信号进行特殊处理,即差错控制编码,对误码进行检错和纠错,以进一步降低误码率,从而满足通信要求。

由于实际的通信信道存在干扰和衰落,在信号传输过程中将出现差错,例如在传送的数据流中产生误码,从而使接收端出现图像的跳跃、不连续,出现马赛克等现象,故对数字信号必须采用纠错、检错技术,即纠错、检错编码技术,以增强数据在信道中传输时抵御各种干扰的能力,提高系统可靠性。对要在信道中传送的数字信号进行纠错、检错编码就是信道编码。

7.1.2 差错控制编码的控制方式

常用的差错控制编码方式有四种:自动请求重发(ARQ)、前向纠错(FEC)、混合纠错(HEC)和反馈检验(IRQ)。

1) 自动请求重发

自动请求重发是计算机网络中较常采用的差错控制方法。其原理是:发送端将要发送的数据附加上一定的冗余检错码一并发送,接收端则根据检错码对数据进行差错检测,如果发现差错,则接收端返回请求重发的信息,发送端在收到请求重发的信息后,再重新发送一次数据,如果没有发现差错,则发送下一个数据。这种方法的优点是译码设备简单,对突发错误和信道干扰较严重比较有效。缺点是需要反馈信道,实时性差。其原理如图 7-1 所示。

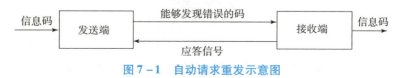

图 7-1 自动请求重发示意图

2）前向纠错

前向纠错的原理是：发送端将要发送的数据附加上一定的冗余纠错码一并发送，接收端则根据纠错码对数据进行差错检测，如果发现差错，由接收端进行纠正。这种检测方法的优点是使用纠错码和单向信道，发送端不需要设置缓冲器。缺点是设备复杂、成本高。其原理如图7-2所示。

图7-2　前向纠错示意图

3）混合纠错

混合纠错方式是前向纠错和自动请求重发方式的结合。其原理是：发送端发送具有检错和纠错能力的码，接收端收到该码后，首先检查差错情况。如果错误发生在该码的纠错能力范围内，则自动进行纠错；如果超过了该码的纠错能力，但能检测出来，则经过反馈信道请求发送端重发。混合纠错方式在实时性和译码复杂性方面是前向纠错和检错重发方式的折中，可达到较低的误码率，较适合于环路延迟大的高速数据传输系统。其原理如图7-3所示。

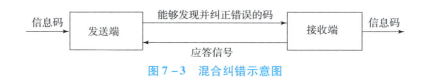

图7-3　混合纠错示意图

4）反馈检验

反馈检验的原理是：接收端将收到的信息原封不动地回送给发送端，发送端将此回送的信号与原发送的信号进行比较。如果发现错误，则发送端再重新发送一次。这种检验方式需要双向信道，设备简单，可以纠正任何错误，但缺点是会引入较大的时延。其原理如图7-4所示。

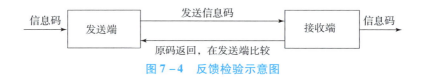

图7-4　反馈检验示意图

差错控制编码概述

任务思考：广播和电视适合采用哪一种差错控制方式？卫星通信、移动通信又用哪一类差错控制方式？

任务 2　检纠错编码的原理

任务描述

本任务主要介绍检纠错编码原理及使用到的专有名词。

任务目标

✓ 知识目标：解释信息码元、监督码元、码组、码重、码距、禁用码组、许用码组等概念。
✓ 能力目标：能够根据码距计算检纠错能力。
✓ 素质目标：具备精益求精的工匠精神。

任务实施

7.2.1　纠错码的相关名词介绍

首先介绍纠错码的几个基本概念。
1) 信息码元、监督码元与码组（字）
信息码元：是指进行差错编码前送入的原始信息编码，通常以 k 表示。
监督码元：是指经过差错编码后在信号码元基础上增加的冗余码元，通常以 r 表示。一般情况下，监督位越多，检错、纠错能力越强，但相应的编码效率会随之降低。
码组（字）：由信息码元和监督码元组成，是具有一定长度的编码组合。
2) 码元重量与码元距离
码元重量：码字的重量，即一个码字中"1"码的个数，通常简称为码重。它反映一个码组中"0"和"1"的比重。
码元距离：两个码组对应位置上取值不同（1 或 0）的位数，称为码组的距离，简称码距，又称汉明距离，通常以 d 表示。例如，0000 和 1010 之间的码距为 2，0000 与 1111 的码距为 4，而各码组之间距离的最小值称为最小码距，通常以 d_0 表示。若有 10010、00011、11000，则比较各码字两两之间的码距分别如下：10010 和 00011 的码距为 2；10010 和 11000 的码距为 2；00011 和 11000 的码距为 4，因此该码组的最小码距 d_0 是 2。
最小码距是衡量检错、纠错能力的依据。
3) 许用码组与禁用码组
信道编码后的总码长为 n，总的码组数应为 2^n，即 2^{k+r}，其中，被传送的信息码组有 2^k 个，通常称为许用码组，其余的码组总共有 (2^n-2^k) 个，不进行传送，故称为禁用码组，差错控制编码的任务正是寻求某种规则从总码组（2n）中选出许用码组，而接收端译码的任务则是利用相应的规则来判断及校正收到的码字是否符合许用码组。

根据前面给出的基本概念我们知道必须在信息码序列中加入监督码元才能完成检错和纠错功能，其前提是监督码元要与信息码元之间有一种特殊的关系。

7.2.2 纠错编码原理

下面我们从一个简单的例子出发，详细介绍检错和纠错的基本原理。

假设要发送一组具有四个状态的天气信息（比如晴、雨、雪、阴），首先要用二进制码数据信息进行编码，显然，用2位二进制码就可以完成，编码表如表7-1所示。

表7-1 2位编码表

数据信息	晴	雨	雪	阴
数据编码	00	01	10	11

如果不经过信道编码，在信道中直接传输，理想情况下，接收端收到00就认为是晴，收到10就认为是雪，如此可以完全了解发送端的信息。而在实际信道中，受噪声的影响，信息码元会发生错误而出现误码（比如码组00变成01、10或者11）。从表7-1可见，任何一组码，不管是一位还是两位发生错误，都会使该码组变成另外一组信息码组，从而无法判断信息传输有没有错误。

以这种编码形式得到的数字信号在传输过程中就不具备检错和纠错的能力。那如何解决呢？在这个例子中，问题的关键是2位二进制的全部组合都是信息码组或者称许用码组，任何一位（或两位）发生错误都会引起歧义。为了克服这一缺点，我们在每组码后面再加一位码元，使2位码组变成3位码组。这样，在3位码组的8种组合中只有4组是许用码组，而其余4种被称为禁用码组。编码表变成表7-2。

表7-2 3位编码表

数据信息	晴	雨	雪	阴	×	×	×	×
数据编码	000	011	101	110	001	010	100	111

在许用码组000、011、101、110中，右边加上的1位码元就是监督码元，它的加入原则是使码组中1的个数为偶数，这样监督码元就和前面的2位信息码元发生了联系，这种编码方式称为偶校验；反之，如果加入的原则是使码组中的1为奇数，则编码方式为奇校验。

现在再看一下出现误码的情况，假设许用码组000出现1位误码，即变成001、100或者010，当接收端收到这三个码组，这三个码组都是禁用码组，就知道是误码了。

理论分析表明，一种编码方式的检错和纠错能力与许用码组中的最小码距有关。如表7-2中，选用的4个许用码组中，最小码距为2，可以检出1位错码。有关结论如下：

（1）在一个码组内要想检出 e 位误码，要求最小码距为 $d_0 \geq e+1$；

（2）在一个码组内要想纠正 t 位误码，要求最小码距为 $d_0 \geq 2t+1$；

(3) 在一个码组内要想纠正 t 位误码，同时检测出 e 位误码（$e \geq t$），要求最小码距为 $d_0 \geq e + t + 1$。

可见，要提高编码的检错和纠错能力，不能仅靠简单地增加监督码元位数，更重要的是要加大最小码距，即码组之间的差异程度，差异程度越大检错能力就越强。一般来说，最小码距与编码的冗余度是有关的，最小码距增大，码元的冗余度就增大，但是码元的冗余度增大，最小码距不一定增大。

7.2.3 编码效率

由差错控制编码的原理可知，监督码元的引入势必导致通信的有效性降低，这就涉及编码效率的问题，编码效率是指信息码元数与码长之比，也称为码率，通常用 η 来表示。

例如，要传送 k 位信息码元，经过编码后得到码长为 n 的码组，监督码元的位数 $r = n - k$，则编码效率如下式所示。

$$\eta = \frac{k}{n} = \frac{n-r}{n} = 1 - \frac{r}{n}$$

纠错编码原理

任务思考：在上面的例子中，如果变成 4 位编码表，请你来安排许用码组和禁用码组，使其具有纠错能力，试试看。

任务 3　几种简单的差错控制编码

任务描述

本任务主要介绍几种简单实用的差错控制编码技术。

任务目标

- ✓ 知识目标：理解奇偶校验码、群计数码、正反码的编码和译码原理。
- ✓ 能力目标：能够根据信息码元写出它的奇偶校验码、正反码等。
- ✓ 素质目标：具有规范意识。

任务实施

7.3.1 奇偶校验码

奇偶校验码是通信中最常见的一种简单检错码。它的编码规则是：首先将所要传送的信息分组，然后在每个码组的信息码元后面附加一个校验码元，使得该码组中码元"1"的个数为奇数（奇校验）或偶数（偶校验）。

偶校验是使每个码组中"1"的个数为偶数，其校验方程为

$$a_{n-1} \oplus a_{n-2} \oplus a_{n-3} \oplus \cdots \oplus a_0 = 0 \qquad (7-1)$$

其中 a_0 为增加的校验位，其他位为信息位。

同样奇校验码组中"1"的个数为奇数，其校验方程为

$$a_{n-1} \oplus a_{n-2} \oplus a_{n-3} \oplus \cdots \oplus a_0 = 1 \qquad (7-2)$$

其中 a_0 也为增加的校验位，其他位为信息位。

奇偶校验只能检出码字中任意奇数个差错，对于偶数个差错则无法检测，因此它的检测能力不强。但是它的编码效率很高，实现起来容易，因而被广泛采用。国际标准化组织 ISO 规定，对于串行异步传输系统采用偶校验方式，串行同步传输系统采用奇校验方式。

为了提高奇偶校验码的检错/纠错能力，在实际的数据传输中，奇偶校验又分为垂直奇偶校验、水平奇偶校验和垂直水平奇偶校验。

根据编码分类，奇偶校验码属于一种检错、线性、分组系列。

7.3.2 群计数码

在群计数码中，监督码元附加在信息码元之后，每一个监督码元在数值上表示其对应的信息码元中"1"的个数。比如信息码元为 101101，其中信息码元中"1"的个数为 4，转变成二进制为"100"，则监督码元就为"100"，传输码组为"101101100"。

群计数码的特点是检错能力很强，除非传输码组中发生 1 变成 0 和 0 变成 1 的成对错误无法检错，其他所有形式的错码都能检测出来。

7.3.3 恒比码

在恒比码中，每个传输码组均包含相同数目的"1"和"0"，即"1"数目和"0"数目的比值是恒定的。接收端只要计算"1"的数目是否正确就可以检测错码。

恒比码主要应用在类似于电传通信系统中。比如我国邮电部门广泛采用的五单位数字保护电码就是一种五中取三的恒比码，如表 7-3 所示。

表7-3 五中取三的恒比码

数字	电码	数字	电码
0	01101	5	00111
1	01011	6	10101
2	11001	7	11100
3	10110	8	01110
4	11010	9	10011

7.3.4 正反码

在正反码中，信息码元与监督码元的位数是相同的，根据信息码元中"1"的数目的不同，监督码元与信息码元完全相同或者完全相反。

比如电报码中的正反码码长为10，信息位为5，监督位也为5。编码规则是：当信息位中"1"的个数为奇数时，监督码元是信息码元的简单重复。当信息位中"1"的个数为偶数时，监督码元是信息码元的反码。比如信息码元为10101，"1"为奇数个，则传输码组为1010110101；信息码元为11011，"1"为偶数个，则传输码组为1101100100。

接收端解码的方法是：先将接收码组中的信息位和监督位按模2相加，得到一个5位的合成码组，若接收到的信息位中有偶数个"1"码，则合成码组的反码作为校验码组；若接收到信息位中有奇数个"1"码，则合成码组就是校验码。之后，观察检验码组中"1"码的个数，按表7-4进行检错和纠错。

表7-4 正反码检错和纠错方法

可能的情况	检验码组的组成	错码情况
1	全为"0"	无错码
2	有4个"1"，1个"0"	信息码中有一位错码，其位置为对应检验码组中"0"的位置
3	有4个"0"，1个"1"	信息码中有一位错码，其位置为对应检验码组中"1"的位置
4	其他组成	错码多于1个

几种简单实用的差错控制编码

任务思考：假设接收到的是1010010101，请你按正反码的编码译码规则，检出错码。正反码的编码效率是多少？

任务 4　线性分组码

任务描述

本任务主要介绍线性分组码的概念及编码原理。

任务目标

- 知识目标：理解线性分组码的特点及编码原理。
- 能力目标：能够解释线性分组码和汉明码的关系。
- 素质目标：具有规范意识。

任务实施

7.4.1　线性分组码的概念

先对信息码元按固定长度分段，每 k 个信息码元为一段，然后由这 k 个信息码元按照一定的规律产生 r 个监督码元，从而组成码长为 $n=k+r$ 的码组，也称 (n,k) 分组码。在分组码中，如果信息码元与监督码元之间的关系又为线性关系，则这种分组码就称为线性分组码。线性码表示信息码元与监督码元之间存在线性关系；而分组码的监督码元，只与本组信息码元有关。

线性分组码中的码长为 n，信息位数为 k，则监督位 $r=n-k$。如果希望用 r 个监督位构造出监督关系式来纠正一位或一位以上错误的线性码，则必要求：

$$2^r - 1 \geqslant n \quad 或 \quad 2^r \geqslant k+r+1$$

特别地，$2^r - 1 = n$ 的线性分组码称为汉明码。

7.4.2　线性分组码原理

下面通过一个例子来说明汉明码是如何构建监督关系式及差错控制编码的过程。

设分组码 (n,k) 中 $k=4$。为了纠正 1 位错码，由上式可知，要求监督位数 $r \geqslant 3$。若取 $r=3$，则 $n=k+r=7$。用 $a_6 a_5 \cdots a_0$ 表示这 7 个码元，用 S_1、S_2、S_3 表示 3 个监督关系式中的校正子，则 S_1、S_2、S_3 的值与错码位置的对应关系可以规定如表 7-5（当然，也可以规定成另一种对应关系，这不影响讨论的一般性）所示。

表 7-5 (7, 4) 码校正子与误码位置

$S_1S_2S_3$	错码位置	$S_1S_2S_3$	错码位置
001	a_0	101	a_4
010	a_1	110	a_5
100	a_2	111	a_6
011	a_3	000	无错码

由表中规定可见,仅当错码位置在 a_2、a_4、a_5 或 a_6 时,校正子 S_1 为 1;否则 S_1 为 0。这就意味着 a_2、a_4、a_5 和 a_6 这 4 个码元构成偶数监督关系:

$$S_1 = a_6 \oplus a_5 \oplus a_4 \oplus a_2 \tag{7-3}$$

同理,a_1、a_3、a_5 和 a_6 构成偶数监督关系:

$$S_2 = a_6 \oplus a_5 \oplus a_3 \oplus a_1 \tag{7-4}$$

a_0、a_3、a_4 和 a_5 构成偶数监督关系:

$$S_3 = a_6 \oplus a_4 \oplus a_3 \oplus a_0 \tag{7-5}$$

在发送端编码时,信息位 $a_6a_5a_4a_3$ 的值取决于输入信号,因此它们是随机的。监督位 $a_2a_1a_0$ 应根据信息位的取值按监督关系来确定,即监督位应使上式中 S_1、S_2 和 S_3 的值为 0(表示编成的码组中应无错码)。即

$$\begin{cases} a_6 + a_5 + a_4 + a_2 = 0 \\ a_6 + a_5 + a_3 + a_1 = 0 \\ a_6 + a_4 + a_3 + a_0 = 0 \end{cases} \tag{7-6}$$

上式中已经将"$\oplus$"简写成"+"。由上式经移项运算,解出监督位为

$$\begin{cases} a_2 = a_6 + a_5 + a_4 \\ a_1 = a_6 + a_5 + a_3 \\ a_0 = a_6 + a_4 + a_3 \end{cases} \tag{7-7}$$

由式(7-7)可得到如表 7-6 所示的 16 个许用码组。

表 7-6 (7, 4) 码校正子与误码位置

信息位 $a_6a_5a_4a_3$	监督位 $a_2a_1a_0$	信息位 $a_6a_5a_4a_3$	监督位 $a_2a_1a_0$
0000	000	0100	110
0001	011	0101	101
0010	101	0110	011
0011	110	0111	000
1000	111	1100	001
1001	100	1101	010
1010	010	1110	100
1011	001	1111	111

接收端在收到每个传输码组后，计算出 $S_1S_2S_3$ 的值，如果该值不全为 0，说明有误码产生，将予以纠正。例如，接收码组为 0000011，可算出 $S_1S_2S_3 = 011$，由表 7-6 可知在 a_3 位置上有一误码。

不难看出，上述 (7，4) 汉明码的最小码距 $d_0 = 3$，因此，它能纠正一个误码或检测两个误码。另外，当 n 很大和 r 很小时，汉明码的码率接近 1。可见，汉明码是一种高效码。

线性分组码是建立在代数群论基础之上的，各许用码组的集合构成了代数学中的群，它们的主要性质如下：

(1) 封闭性。任意两许用码之和（对于二进制码这个和的含义是模 2 和）仍为一许用码，也就是说，线性分组码具有封闭性。

(2) 码组间的最小码距等于非零码的最小码重。

任务思考： (7，4) 线性分组码的编码效率是多少？请和正反码做比较。

任务 5　循环冗余校验码

任务描述

本任务主要介绍循环码概念及循环冗余校验（cyclic redundancy check，CRC）码的编码原理。

任务目标

- ✓ 知识目标：能够简述循环码的特点，分析 CRC 码的编码和译码过程。
- ✓ 能力目标：能够根据信息码元写出 CRC 码并简述它的应用。
- ✓ 素质目标：具备学习能力和创新能力。

任务实施

7.5.1　循环码

除了汉明码外，循环码也是线性分组码的一个重要的子类。它具有两大特点：一是码的结构可以用代数方法来构造和分析，并且可以找到各种实用的译码方法；二是循环特性，编码运算和校正子计算可用反馈移位寄存器来实现，硬件实现简单。目前其编码、译码、检测和纠错已由集成电路产品实现，是目前通信传送系统和磁介质存储器中广泛采用的一种编码。表 7-7 给出了 (7，3) 循环码的全部许用码组。

表 7-7 (7,3) 循环码的全部码组

码组编号	信息位 $a_6a_5a_4$	监督位 $a_3a_2a_1a_0$	码组编号	信息位 $a_6a_5a_4$	监督位 $a_3a_2a_1a_0$
1	000	0000	5	100	1011
2	001	0111	6	101	1100
3	010	1110	7	110	0101
4	011	1001	8	111	0010

7.5.2 CRC 码

CRC 码的基本原理是：在 K 位信息码后再拼接 R 位的校验码，整个编码长度为 N 位，因此，这种编码又叫 (N, K) 码。对于一个给定的 (N, K) 码，可以证明存在一个最高次幂为 $N-K=R$ 的多项式 $G(x)$。根据 $G(x)$ 可以生成 K 位信息的校验码，而 $G(x)$ 叫作这个 CRC 码的生成多项式。

校验码的具体生成过程为：假设发送信息用信息多项式 $f(x)$ 表示，将 $f(x)$ 左移 R 位（则可表示成 $f(x) \times 2^R$），这样 $f(x)$ 的右边就会空出 R 位，这就是校验码的位置。通过 $f(x) \times 2^R$ 除以生成多项式 $G(x)$ 得到的余数就是校验码。

下面介绍几个基本概念。

1) 多项式与二进制数码

多项式和二进制数有直接对应关系：x 的最高幂次对应二进制数的最高位，以下各位对应多项式的各幂次，有此幂次项对应 1，无此幂次项对应 0。可以看出：x 的最高幂次为 R，转换成对应的二进制数有 $R+1$ 位。多项式包括生成多项式 $G(x)$ 和信息多项式 $f(x)$，如生成多项式为 $G(x) = x^4 + x^3 + x + 1$，可转换为二进制数码 11011；而发送信息位 1111，可转换为数据多项式 $f(x) = x^3 + x^2 + x + 1$。

2) 生成多项式

是接收方和发送方的一个约定，也就是一个二进制数，在整个传输过程中，这个数始终保持不变。

在发送方，利用生成多项式对信息多项式做模 2 除生成校验码。在接收方，利用生成多项式对收到的编码多项式做模 2 除检测和确定错误位置。生成多项式应满足以下条件：

（1）生成多项式的最高位和最低位必须为 1；

（2）当被传送信息（CRC 码）任何一位发生错误时，被生成多项式做模 2 除后应该使余数不为 0；

（3）不同位发生错误时，应该使余数不同；

（4）对余数继续做模 2 除，应使余数循环。

3) 模 2 除（按位除）

模 2 除做法与算术除法类似，但每一位除（减）的结果不影响其他位，即不向上一位借位。所以实际上就是异或，然后再移位做下一位的模 2 减。步骤如下：

（1）用除数对被除数最高几位做模 2 减，没有借位；

（2）除数右移一位，若余数最高位为 1，商为 1，并对余数做模 2 减。若余数最高位为 0，商为 0，除数继续右移一位；

（3）一直做到余数的位数小于除数时，该余数就是最终余数。

【例 7-1】假设信息码是 1111，生成多项式是 $G(x) = x^3 + x^2 + 1 = 1101$，按上面的方法计算它的校验码。

由于 $R = 3$，将信息码右边加 3 个 0，形成被除数 1111000，除数就是 1101，按异或的方法进行计算。

```
                1011
        1101 ) 1111000
                1101
                 1000
                 1101
                  1010
                  1101
                   111 （余数）
```

至此，CRC 编码就是信息码 + 余数，即 1111111，这个余数就是校验码（监督码）。

这里的余数 111 的位数正好为 3（R）位，如果余数不足 R 位，我们需要将余数在左边补 0，凑够 R 位。到了接收端，将接收到的 CRC 编码 1111111 除以生成多项式 1101，继续按上面的方法相除，如果余数为 0，表示传输没有错，如果有余数，表示传输出错。表 7-8 列出了常见的 CRC 工业标准的生成多项式，在局域网中，常用的生成多项式是 CRC-32。CRC 算法看起来好像相当复杂，但是通过简单的移位寄存器的操作，能很容易地在硬件中实现。

表 7-8 常见的 CRC 工业标准的生成多项式

名称	生成多项式	简记式*	应用举例
CRC-4	$x^4 + x + 1$	3	ITU G.704
CRC-8	$x^8 + x^5 + x^4 + 1$	31	DS18B20
CRC-12	$x^{12} + x^{11} + x^3 + x^2 + x + 1$	80F	
CRC-16	$x^{16} + x^{15} + x^2 + 1$	8005	IBM SDLC
CRC-ITU**	$x^{16} + x^{12} + x^5 + 1$	1021	ISO HDLC, ITU X.25, V.34/.41/V.42, PPP-FCS, ZigBee
CRC-32	$x^{32} + x^{26} + x^{23} + \ldots + x^2 + x + 1$	04C1 1D B7	ZIP, RAR, IEEE 802 LAN/FDDI, IEEE 1394, PPP-FCS

CRC 循环冗余码

任务思考：将【例7-1】中的1111111除以1101，余数是否为0？

任务6　卷积码

任务描述

本任务主要介绍卷积码的概念及卷积码的编码原理。

任务目标

- ✓ 知识目标：对比卷积码和分组码的不同之处，理解卷积码编码原理。
- ✓ 能力目标：根据信息码元构建卷积码并讲述它的应用。
- ✓ 素质目标：具备学习能力和创新能力。

任务实施

7.6.1　卷积码的概念

卷积码又称为连环码，因数据与二进制多项式滑动相关，故称卷积码，非常适用于纠正随机错误。与前面讨论的汉明码和循环码不同，卷积码是一种非分组码。由于卷积码在编码过程中充分利用各码组之间的相关性，因此其性能优于分组码，而且实现简单，所以在通信系统中应用广泛，如 IS-95、TD-SCDMA、WCDMA、IEEE 802.11 及卫星等系统中均使用了卷积码。

在分组码中，编码器把 k 个信息码元编成长度为 n 位的码字，每个码字的 $r(r=n-k)$ 个监督码元仅与本码字的 k 个信息码元有关，而与其他码字的信息码元无关。卷积码则不同，它虽然也是把 k 个信息码元编成长度为 n 的码组，但是监督码元不仅与当前码组的 k 个信息码元有监督作用，同时还与前面 $L-1$ 个码组中的信息码元有监督关系，即一个码组中的监督码元监督着 L 个码组中的信息码元。通常将 L 称为约束长度（也称记忆深度），单位是组。因此，卷积码常用 (n,k,L) 来表示。

7.6.2 卷积码的编码原理

卷积码是通过卷积码编码器来实现的,卷积码编码器的一般结构如图 7-5 所示,它包括一个由 L 段组成的输入移位寄存器,每段有 k 级,共 Lk 级寄存器;一组 n 个模 2 加法器;一个由 n 级组成的输出移位寄存器,对应于每段 k 级的输入序列,输出 n 位。

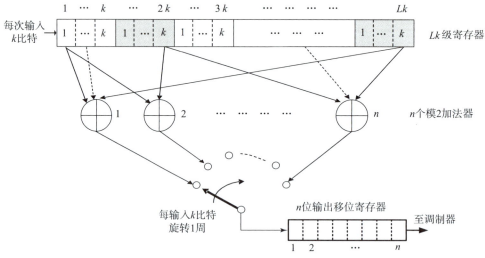

图 7-5 卷积码编码器的一般结构

下面用一个简单例子来说明卷积码的编码原理。图 7-6 所示的电路是一个简单的(2,1,3)卷积码的编码器,它由有两个触点的转换开关和一组 3 位移位寄存器 m_1、m_2、m_3 及模 2 相加电路组成。编码前各移位寄存器清零,信息码元按顺序 $a_1 a_2 \cdots a_j \cdots$ 依次输入编码器。每输入一个信息码元 a_j,开关依次接到每一个触点各一次,编码器每输入一个信息码元,经该编码器后产生 2 个输出比特。

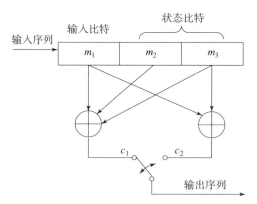

图 7-6 (2,1,3) 卷积码编码器

假设该移位寄存器的起始状态全为零,编码器的输出比特 c_1、c_2 表示为如下计算式。

$$c_1 = m_1 + m_2 + m_3$$
$$c_2 = m_1 + m_3$$

其中，m_1 表示当前的输入比特，而 m_3m_2 表示存储的以前的信息。当第一个输入比特为 1 时，即 $m_1=1$，因 $m_3m_2=00$，所以输出 $c_1c_2=11$，这时 $m_1=1$，$m_3m_2=01$，$c_1c_2=01$，依此类推，为保证输入的信息［11010］都能通过移位寄存器，还必须在输入信息位后添加 3 个 0。

将上述编码过程列成表格形式，如表 7-9 所示列出了它的状态变化过程（也可以用树状图的形式来描述）。

表 7-9 （2，1，3）卷积码编码器的状态变化表

m_1	1	1	0	1	0	0	0	0
m_3m_2	00	01	11	10	01	10	00	00
c_1c_2	**11**	**01**	**01**	**00**	**10**	**11**	**00**	**00**
状态表示	a	b	d	c	b	c	a	a

由表 7-9 可以看出：输入序列［11010］经过（2，1，3）卷积码编码器的输出序列为［1101010010110000］，即表 7-9 的第 3 行。

7.6.3 卷积码的译码

卷积码译码可以分为代数逻辑译码和概率译码。代数逻辑译码是利用生成多项式来译码。概率译码比较实用的有两种：维特比译码和序列译码。目前，概率译码已成为卷积码最主要的译码方法。

1) 维特比译码

维特比译码主要应用在卫星通信和蜂窝网通信系统中，这种译码方法比较简单、计算快，故得到广泛应用。其基本方法是将接收到的信号序列和所有可能的发送信号序列做比较，选择其中汉明距离最小的序列认为是当前发送信号序列。若发送一个 k 位序列，则有 2^k 种可能的发送序列。计算机需事先存储这些序列，以便用作比较。当 k 较大时，存储量会很大，使实用受到限制。

2) 序列译码

当 m 很大时，可以采用序列译码法。其过程为：译码先从码树的起始节点开始，把接收到的第一个子码的 n 个码元与自始节点出发的两条分支按照最小汉明距离进行比较，沿着差异最小的分支走向第二个节点。在第二个节点上，译码器仍以同样原理到达下一个节点，依此类推，最后得到一条路径。若接收码组有错，则自某节点开始，译码器就一直在不正确的路径中行进，译码也一直错误。因此，译码器有一个门限值，当接收码元与译码器所走的路径上的码元之间的差异总数超过门限值时，译码器判定有错，并且返回试走另一分支。经数次返回找出一条正确的路径，最后译码输出。

卷积码

项目测验

一、填空题

1. 差错控制编码是一种重要的（　　　　）编码技术。
2. 检错码仅具备识别错码功能，而无（　　　　）错码的功能。
3. 按照信息码元和监督码元之间的约束方式不同，可分为分组码和（　　　　）。
4. 常用的差错控制编码方式有四种，自动请求重发（ARQ）、（　　　　）、（　　　　）和反馈检验（IRQ）。
5. 码组间的（　　　　）与码组的检错和纠错能力密切相关。

二、选择题

1. 差错控制编码可提高数字通信系统的（　　　　）。
   A. 有效性　　　B. 可靠性　　　C. 信噪比　　　D. 传输带宽
2. 不需要反馈信道的差错控制方式是（　　　　）。
   A. FEC　　　　B. HEC　　　　C. ARQ　　　　D. C. IRQ
3. 以下数字码型中，不具备一定的检测差错能力的码为（　　　　）。
   A. NRZ 码　　　B. CMI 码　　　C. AMI 码　　　D. HDB3 码
4. 码组 0100110 与码组 0011011 之间的码距为（　　　　）。
   A. 2　　　　　B. 3　　　　　C. 4　　　　　D. 5

三、判断题（正确的打√，错误的打×）

（　）1. 正反码是一种简单的只能够检出错码的编码。
（　）2. 恒比码是指每个码组均含有相同数目的 1 和 0。
（　）3. 一般来说，若码长为 n，信息位数为 k，则监督位数为 $r = n - k$。
（　）4. 一种编码的检错和纠错能力与该编码的最小码距的大小有直接关系。
（　）5. 码组（0011010）的码重为 4。

四、简答题

1. 在通信系统中采用差错控制编码的目的是什么？
2. 常用的差错控制方式有哪些？试比较其优缺点。
3. 什么是线性码？它具有哪些重要性质？
4. 一种编码的最小码距与其检错和纠错能力有什么关系？
5. 什么是卷积码？说说它和分组码的异同点。

二维码 - 项目七 - 参考答案

项目八

对比通信双方协调一致的同步技术

知识点思维导图

学习目标思维导图

案例导入

经历了载波同步、位同步和帧同步后,实现了点对点的数字通信。如果要实现网通信,则还需要网同步。

任务1 载波同步原理

任务描述

本任务主要介绍通信中同步的作用、同步的分类及其中一种功能的同步——载波同步的原理。

任务目标

- ✓ 知识目标:理解同步作用,分析载波同步的插入导频法和自同步法。
- ✓ 能力目标:能够比较三种同步类型的特点和应用场景。
- ✓ 素质目标:具备乐观、积极的生活态度。

任务实施

所谓同步,是指通信系统的收、发双方在时间上步调一致。通信系统只有在收、发两端建立了同步后才能开始传送信息,所以同步系统是通信系统进行信息可靠传输的必要和前提条件。

8.1.1 同步的分类

按同步的功能来区分,同步可分为载波同步、位同步(码元同步)、帧(群)同步和网同步(数字通信网中使用)四种。其中,载波同步、位同步和帧同步是基础,针对的是点对点通信,网同步以前面三种同步技术为基础,针对的是点对多点通信。

1)载波同步

由前面的学习可知,无论是模拟调制系统还是数字调制系统,要想实现相干解调,必须在接收端产生相干载波,这个相干载波应与发送端的载波在频率上同频,在相位上保持某种同步关系。在接收端获取这个相干载波的过程称为载波同步(或载波提取)。载波同步是实现相干解调的先决条件。

2)位同步(码元同步)

在数字通信系统中,不管采用何种传输方式(基带传输或者频带传输),也不管采用何种解调方式,都需要位同步。因为在数字通信中,任何消息都是通过一连串码元序列表示且传送的,这些码元一般均具有相同的持续时间(称为码元周期)。接收端接收这些码元序列时,必须知道每个码元的起止时刻,以便在恰当的时刻进行抽样判决。这就要求接收端必须提供一个码元定时脉冲序列,该序列的重复频率和相位必须与接收到的码元重复频率和相位一致,以保证在接收端的定时脉冲重复频率与发送端的码元传输速率相同,相位与最佳抽样判决时刻一致。我们把提取这种码元定时脉冲序列的过程称为位同步。

3)帧(群)同步

数字通信中的信息数字流,总是用若干码元组成一个"字",又用若干"字"组成一"句"。因此,在接收这些数字流时,同样也必须知道这些"字""句"的起止时刻。而在接收端提取与"字""句"起止时刻相一致的定时脉冲序列,就称为帧(群)同步。

4)网同步

有了上面三种同步,就可以保证点与点的数字通信。但对于数字网的通信来说就不够了,随着数字通信的发展,尤其是计算机通信的发展,多个用户之间的通信和数据交换,构成了数字通信网。在一个通信网中,往往需要把各个方向传来的信息,按不同目的进行分路、合路和交换。为了保证通信网内各用户之间可靠地进行数据交换,整个数字通信网内交换必须有一个统一的时间节拍标准,即整个网络必须同步地工作,这就是网同步需要讨论的问题。

8.1.2 同步信号的获取方式

同步也是一种信息,按照获取和传输同步信息方式的不同,可分为外同步法和自同步法。

1)外同步法

所谓外同步法是由发送端发送专门的同步信息(常被称为导频),接收端把这个导频提取出来作为同步信号的方法,有时也称为插入导频法。

2)自同步法

所谓自同步法,是指发送端不发送专门的同步信息,接收端则是设法从收到的信号中提取同步信息的方法，通常也称为直接法。

自同步法是人们最希望的同步方法，因为采用这种方法可以把全部功率和带宽都分配给信号传输，从而提高传输效率。在载波同步和位同步中，上述两种方法均可采用，但自同步法正得到越来越广泛的应用；而帧（群）同步一般采用外同步法。

8.1.3 载波同步原理

1）插入导频法

插入导频法是指在已调信号频谱中插入称为导频的正弦信号，在接收端利用窄带滤波器把它提取出来，再经过适当的处理形式形成接收端所需要的相干载波。所谓导频信号是指与相干载波具有正交关系，即相位相差 π/2。另外，导频的插入位置应该在信号频谱为零的位置，否则导频与已调信号频谱成分重叠，接收时不易提取。

插入导频法主要用于已调信号中不包含离散载波频谱分量的情况（如模拟通信中的 DSB、SSB 信号），通信时需在发送端插入导频信号。例如，DSB 信号在插入了导频信号后的频谱图如图 8-1 所示。

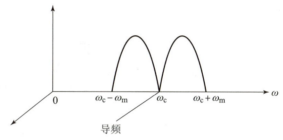

图 8-1 插入导频位置示意图

根据 DSB 已调信号的表达式

$$s(t) = Am(t)\cos(\omega_c t)$$

插入正交导频信号后的已调信号 $s_0(t)$ 为

$$s_0(t) = Am(t)\cos(\omega_c t) + A\sin(\omega_c t)$$

其原理如图 8-2（a）所示。

当接收端收到该已调信号后，利用一个中心频率为 ω_c 的窄带滤波器就可取得导频 $A\sin(\omega_c t)$，再将它移相 π/2，就可得到与调制载波同频同相的信号 $A\cos(\omega_c t)$。

接收端相乘器的输出为

$$\begin{aligned} v(t) &= s_0(t)\cos(\omega_c t) \\ &= [Am(t)\cos(\omega_c t) + A\sin(\omega_c t)]\cos(\omega_c t) \\ &= Am(t)\cos^2(\omega_c t) + A\sin(\omega_c t)\cos(\omega_c t) \\ &= \frac{A}{2}m(t) + \frac{A}{2}m(t)\cos^2(\omega_c t) + \frac{A}{2}\sin(2\omega_c t) \end{aligned}$$

再将此信号通过一个低通滤波器，滤除掉 $2\omega_c$ 的频率成分，即可得到调制信号 $m(t)$。其原理框图如图 8-2（b）所示。

需要注意的是，这里如果不采用与载波正交的导频信号，而直接插入载波信号，则从接收端相乘器的输出可以发现，除了有调制信号外，还包含了直流分量，这个直流分量将通过低通滤波器对数字信号产生影响。

插入导频法提取载波通常需要使用一个窄带滤波器。这个窄带滤波器也可以用锁相环来代替，这是因为锁相环本身就是一个性能良好的窄带滤波器，因而使用锁相环后，载波提取的性能将有所改善。

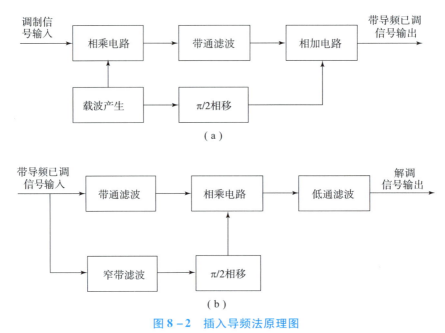

图 8-2 插入导频法原理图
（a）发送端原理框图；（b）接收端原理框图

2）直接法

在调制过程中，有些已调信号本身就包含了调制载波的频谱分量，比如 AM、ASK 信号等，这类信号在接收端可以直接进行载波提取。而某些已调信号，虽然里面不包含调制载波的频谱分量，但如果经过某种非线性变换以后具有了载波频谱分量成分，对这类信号也可以直接进行载波提取，比如 DSB、PSK 信号等。下面介绍两种直接提取载波的方法。

（1）平方变换法。

设调制信号为 $m(t)$ 且无直流分量，则抑制载波的双边带信号为

$$s(t) = Am(t)\cos(\omega_c t)$$

接收端将该信号进行平方变换，即经过一个平方律部件后就得到

$$e(t) = A^2 m^2(t) \cos^2(\omega_c t)$$
$$= \frac{A^2}{2} m^2(t) + \frac{A^2}{2} m^2(t) \cos 2(\omega_c t)$$

虽然 $m(t)$ 无直流分量，但 $m^2(t)$ 却一定有直流分量，这是因为 $m^2(t)$ 必为大于等于 0 的数，因此，$m^2(t)$ 的均值必大于 0，而这个均值就是 $m^2(t)$ 的直流分量，这样 $e(t)$ 的第二项中就包含 $2\omega_c$ 频率的分量。若用一窄带滤波器将 $2\omega_c$ 频率分量滤出，再进行二分频就可获得载频 ω_c。平方变换法提取载波的原理如图 8-3 所示。

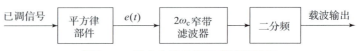

图 8-3 平方变换法提取载波的原理

(2) 平方环法。

为了改善平方变换的性能，可以在平方变换法的基础上，把窄带滤波器用锁相环替代，构成如图 8-4 所示的框图，这样就实现了平方环法提取载波。由于锁相环具有良好的跟踪、窄带滤波和记忆性能，因此平方环法比一般的平方变换法具有更好的性能，因而得到广泛的应用。

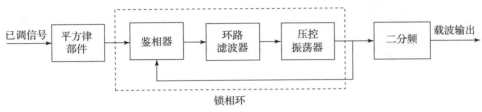

图 8-4 平方环法提取载波的原理框图

需要注意的是，上述两种提取载波的方框图中都用了一个二分频电路。因此，提取出的载波存在 π 相位模糊问题。对相移信号而言，解决这个问题的常用方法就是采用前面已介绍过的相对相移。

载波同步（微课视频）

任务思考：请问等概的 2PSK 信号可以用直接法吗？为什么？

任务 2 　码元同步原理

码元同步

任务描述

本任务主要介绍第二种功能的同步——码元同步的原理。

任务目标

- 知识目标：理解码元同步原理，分析码元同步的方法。
- 能力目标：能够解释码元同步的应用场景。
- 素质目标：具备乐观、积极的生活态度。

任务实施

码元同步，是指在接收端的基带信号中提取码元定时的过程。它与载波同步有一定的相似之处和区别，载波同步是相干解调的基础，不论是模拟通信还是数字通信，只要是采用相干解调，都需要载波同步。

码元同步是正确取样判决的基础，只有数字通信才需要，并且不论是基带传输还是频带传输，都需要码元同步，所提取的码元同步信息的频率等于码速率的定时脉冲。实现方法也有插入导频法和自同步法。

8.2.1 插入导频法

码元同步的插入导频法与载波同步的插入导频法类似，导频信号也是在基带信号频谱的零点插入导频信号，这样才能不影响基带信号频谱，同时保证接收端提取导频的纯度。

如图8-5（a）所示，基带信号频谱的第一过零点处在$1/T_s$，插入的导频信号就应该在$f=1/T_s$处。若经某种相关编码处理后的基带信号，其频谱的第一过零点处在$f=1/(2T_s)$处时，插入的导频信号就应该在$f=1/(2T_s)$处。

在接收端，对图8-5（a）所示的情况，经中心频率为$f=1/T_s$的窄带滤波器就可从解调后的基带信号中提取位同步所需的信号，这时位同步脉冲的周期与插入导频的周期是一致的。如图8-5（b）所示，窄带滤波器的中心频率应为$f=1/(2T_s)$，因为这时位同步脉冲的周期为插入导频周期的1/2，故需将插入导频2倍频，才能获得$1/T_s$的位同步信息。

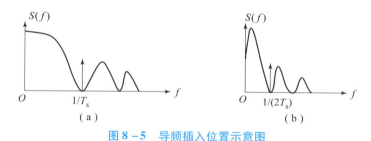

图8-5 导频插入位置示意图
（a）第一过零点为$1/T_s$；（b）第一过零点为$1/2T_s$

插入导频法的另一种方法是包络调制法。这种方法是用码元同步信号的某种波形对PSK或者FSK这样的恒包络数字已调信号进行附加的幅度调制，使其包络随着码元同步信号波形变化。在接收端只要进行包络检波，就可以形成同步信号。

8.2.2 自同步法

自同步法是发送端不专门发送导频信号，而直接从接收到的数字信号中提取码元同步信号。这种方法在数字通信中得到了广泛的应用。

1）波形变换——滤波法

根据基带信号的谱分析可知，对于不归零的随机二进制序列，不能直接从其中滤出码元同步信号。但是，若对该信号进行某种变换，例如变成单极性归零脉冲后，则该序列中就有 $f = 1/T_s$ 的码元同步信号分量，经一个窄带滤波器，可滤出此信号分量，再将它通过一移相器调整相位后，就可以形成码元同步脉冲，这种方法的原理如图 8-6 所示。

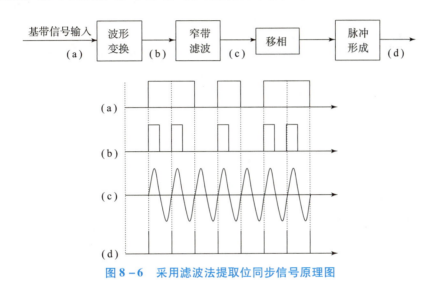

图 8-6　采用滤波法提取位同步信号原理图

2) 锁相法

与载波同步的提取类似，把采用锁相环来提取码元同步信号的方法称为锁相法。采用锁相法提取位同步原理方框图如图 8-7 所示，它由高稳定度振荡器（晶振）、分频器、相位比较器和控制电路组成。其中，控制电路包括图中的扣除门、附加门和"或门"。高稳定度振荡器产生的信号经整形电路变成周期性脉冲，然后经控制器再送入分频器，输出码元同步脉冲序列。输入相位基准与由高稳定振荡器产生的经过整形的 n 次分频后的相位脉冲进行比较，由两者相位的超前或滞后，来确定扣除或附加一个脉冲，以调整码元同步脉冲的相位。

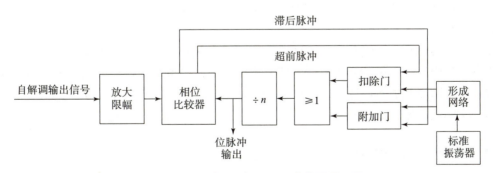

图 8-7　采用锁相法提取位同步信号原理图

任务思考：什么是自同步法？自同步法又分为哪两类？

任务 3　帧同步原理

帧同步

任务描述

本任务主要介绍第三种功能的同步——帧同步的原理。

任务目标

✓ 知识目标：理解帧同步原理，解释起止式同步法、集中式插入法及分散式插入法的特点。
✓ 能力目标：能够绘制巴克码的自相关函数曲线。
✓ 素质目标：具备乐观、积极的生活态度。

任务实施

帧同步，又称群同步，是建立在码元同步基础之上的一种同步。码元同步保证了数字通信系统中收、发两端码元序列的同频同相，这可以为接收端提供各个码元的准确抽样判决时刻。数字通信中，一定数目的码元序列代表着一定的信息（如字母、符号或数字），通常总是以若干个码元组成一个"字"，若干个"字"组成一个"句"，即组成一个个的"群"进行传输。帧同步的任务就是在码元同步的基础上识别出这些数字信息群，使接收端的码元能够被理解。

通常采用两类方法实现帧同步：一类是在数字信息流中插入一些特殊码组作为每帧的头尾标记，接收端根据这些特殊码组的位置就可以实现帧同步，这类方法称为外同步法；另一类方法不需要外加特殊码组，利用数据码组本身之间彼此不同的特性来实现帧同步，这种方法称为自同步法。

通常采用的外同步方法是起止式同步法和插入特殊同步码组的同步法。而插入特殊码组的方法有：集中式插入法和间隔式插入法。集中式插入法就是在每帧的开头集中插入帧同步码组的方法；间隔式插入法则是将帧同步码组分散插入数据流中，即每隔一定数量的信息码元插入一个帧同步码元。

8.3.1　起止式同步法

数字电传机中广泛使用的就是起止式同步法。在电传机中，电报的一个字由 7.5 个码元组成，如图 8-8 所示。每个字开头，先发 1 个码元的起脉冲（负值），中间 5 个码元是消息，字的末尾是 1.5 码元宽度的止脉冲（正值）。这样，接收端可根据 1.5 个码元宽度的高电平第一次转换到低电平这一特殊规律来确定一个字的起始位置，从而实现了群同步。

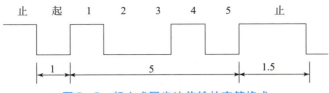

图 8-8 起止式同步法传输的字符格式

这种 7.5 单位码的起止脉冲宽度与码元宽度不一致会给数字通信的同步传输带来一定困难。另外,在这种同步方式中,7.5 个码元中只有 5 个码元用于传递信息,因此传输效率较低。但起止式同步的优点是结构简单、易于实现,特别适合于异步低速数字传输方式。

8.3.2 集中式插入法

1) 集中式插入法的原理

集中式插入法又称为连贯式插入法,是将帧同步码组以集中的形式插入信息码流中,一般帧同步码组集中插入在一帧的开始。因此,集中式插入法就是在每帧的开头集中插入帧同步码字的同步方法。此方法的关键是要找出作为帧同步码组的特殊码组。

对作为帧同步码组的特殊码组的要求是:同步码组在信息码元序列中不易出现以便识别,即将信息码元误认为同步码组的概率要小;同时当同步码组中有误码时,漏识别的概率也要小;识别该特殊码组的识别器应该尽量简单。具体地说,就是要求该码组具有尖锐单峰特性的自相关函数;便于与信息码区别;码长适当,以保证传输效率。

符合上述要求的特殊码组有:全 0 码、全 1 码、1 与 0 交替码、巴克码、电话基群帧同步码 0011011。目前常用的帧同步码组是巴克码。巴克码是一种非周期序列。

一个 n 位的巴克码组为 $\{x_1,x_2,x_3,\cdots,x_n\}$,其中 x_i 取值为 $+1$ 或 -1,它的局部自相关函数为

$$R(j) = \sum_{i=1}^{n-j} x_i x_{i+1} = \begin{cases} n & j = 0 \\ 0 \text{ 或 } \pm 1 & 0 < j < n \\ 0 & j \geq n \end{cases}$$

目前已找到的所有巴克码组如表 8-1 所示,其中"+"和"-"号分别表示该巴克码组第 i 位码元 a_i 的取值为"+1"和"-1",它们分别与二进制码的"1"和"0"对应。

表 8-1 常见巴克码组

码长	巴克码组	对应的二进制码
2	(+ +),(- +)	(1 1),(0 1)
3	(+ + -)	(1 1 0)
4	(+ + + -),(+ + - +)	(1 1 1 0),(1 1 0 1)
5	(+ + + - +)	(1 1 1 0 1)
7	(+ + + - - + -)	(1 1 1 0 0 1 0)
11	(+ + + - - - + - - + -)	(1 1 1 0 0 0 1 0 0 1 0)
13	(+ + + + + - - + + - + - +)	(1 1 1 1 1 0 0 1 1 0 1 0 1)

以 7 位巴克码组（＋ ＋ ＋ － － ＋ －）为例，求出它的自相关函数如下：

当 $j = 0$ 时，$R(j) = \sum\limits_{i=1}^{7} x_i^2 = 1+1+1+1+1+1+1 = 7$；

当 $j = 1$ 时，$R(j) = \sum\limits_{i=1}^{6} x_i x_{i+1} = 1+1-1+1-1-1 = 0$；

当 $j = 2$ 时，$R(j) = \sum\limits_{i=1}^{5} x_i x_{i+2} = 1-1-1-1+1 = -1$；

当 $j = 3$ 时，$R(j) = \sum\limits_{i=1}^{4} x_i x_{i+3} = -1-1+1+1 = 0$；

当 $j = 4$ 时，$R(j) = \sum\limits_{i=1}^{3} x_i x_{i+4} = -1+1-1 = -1$；

当 $j = 5$ 时，$R(j) = \sum\limits_{i=1}^{2} x_i x_{i+5} = 1-1 = 0$；

当 $j = 6$ 时，$R(j) = \sum\limits_{i=1}^{1} x_i x_{i+6} = -1$；

当 $j = 7$ 时，$R(j) = \sum\limits_{i=1}^{0} x_i x_{i+7} = 0$。

另外，再求出 j 为负值时的自相关函数值，一起画在图 8－9 中。

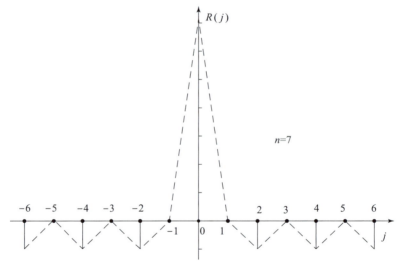

图 8－9　巴克码的局部自相关函数曲线

由图 8－9 可见，其自相关函数在 $j = 0$ 时出现尖锐的单峰。

2）巴克码识别器

巴克码识别器是比较容易实现的，这里仍以 7 位巴克码为例。用 7 级移位寄存器、相加器和判决器就可以组成一个巴克码识别器，具体结构如图 8－10 所示。

7 级移位寄存器的"1"端和"0"端输出按照 1110010 的顺序连接到相加器，注意各级移位寄存器接到相加器处的位置，寄存器的输出有"1"端和"0"端，接法与巴克码的规律一致。当输入码元的"1"进入某移位寄存器时，该移位寄存器的"1"端输出电平为

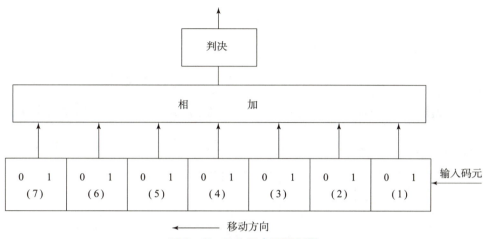

图 8-10　7 位巴克码识别器

+1,"0"端输出电平为 -1;反之,进入"0"码时,该移位寄存器的"0"端输出电平为 +1,"1"端输出电平为 -1。实际上,巴克码识别器是对输入的巴克码进行相关运算。当一帧信号到来时,首先进入识别器的是帧同步码组,只有当 7 位巴克码在某一时刻正好全部进入 7 位寄存器时,7 个移位寄存器输出端都输出 +1,相加后的最大输出为 +7,其余情况相加结果均小于 +7。对于数字信息序列,几乎不可能出现与巴克码组相同的信息,故识别器的相加输出也只能小于 +7。

若判决器的判决门限电平定为 +6,那么就在 7 位巴克码的最后一位"0"进入识别器时,识别器输出一个同步脉冲表示一帧的开头。一般情况下,信息码不会正好都使移位寄存器的输出为 +1,因此实际上更容易判定巴克码全部进入移位寄存器的位置。

巴克码用于帧同步是常见的,但并不是唯一的,具有良好特性的码组均可用于帧同步。例如对于我国和欧洲等国家采用的 PCM30/32 路系统来说,帧同步主要采用的就是集中插入方式,但它插入的帧同步码是 0011011。

8.3.3　间隔式插入法

间隔式插入法又称为分散插入法,它是将帧同步码以分散的形式均匀插入信息码流中的方法,常用在多路数字电路系统中。例如,某 PCM-24 设备每帧有 $8 \times 24 = 192$ 个信息码元,在其后插一位帧同步码,如图 8-11 所示。帧同步码一帧插"1"码,下一个帧插"0"码,如此交替插入。由于每帧只插一位码,那么它与信息码元混淆的概率为 1/2,这样似乎无法识别同步码,但是这种插入方式在同步捕获时不是检测一帧两帧,而是连续检测数十帧,每帧都符合"1""0"交替的规律才确认同步。如检测 10 帧都正确,误同步概率则为 $1/2^{10} = 1/1\,024$,误同步概率很小。

间隔式插入每帧的传输效率较高,但是同步捕获时间较长,较适合于连续发送信号的通信系统,若是断续发送信号,每次捕获同步需要较长时间,反而降低了效率。

在获得以上讨论的载波同步、码元同步、群同步之后,两点间的通信就可以有序、准确、可靠地进行了。然而,随着数字通信的发展,尤其是计算机通信的发展,多个用户之间

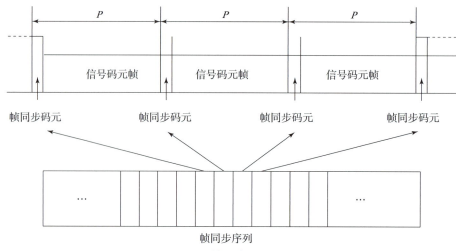

图 8-11　帧同步的分散插入

的通信和数据交换构成了数字通信网。为了保证通信网内各用户之间能进行可靠的通信和数据交换，全网必须有一个统一的时间标准时钟。这就是网同步的问题。网同步是数据通信网的关键技术，有关网同步的内容请大家查找相关资料。

任务思考：为什么要用巴克码作为帧同步码？

项目测验

一、填空题

1. 同步是指通信系统的双方在（　　　　）上步调一致。
2. 所谓外同步法，就是由发送端发送专门的（　　　　）（常称为导频），接收端把这个导频提取出来，作为同步信号的方法。
3. 自同步法也叫（　　　　），这种方法可以全部功率和带宽都分配给传输信号，提高传输效率。
4. 帧同步一般采用（　　　　）同步方法，包括起止式同步法和插入特殊同步码组法。

二、选择题

1. 为了解决连 0 码而无法提取同步信号的问题，人们设计了（　　　　）。
   A. AMI 码　　　　B. HDB3 码　　　　C. 差分码　　　　D. 多进制码
2. 在点到点的数字通信系统中，不需要的同步是（　　　　）。
   A. 网同步　　　　B. 载波同步　　　　C. 码元同步　　　　D. 帧同步
3. 在一个包含调制信道的数字通信系统中，在接收端三种同步的先后关系为（　　　　）。
   A. 载波同步、码元同步、帧同步　　　　B. 帧同步、载波同步、码元同步
   C. 码元同步、载波同步、帧同步　　　　D. 载波同步、帧同步、码元同步
4. 一个数字通信系统至少应包括的两种同步是（　　　　）。
   A. 载波同步、码元同步　　　　B. 码元同步、帧同步
   C. 码元同步、网同步　　　　D. 载波同步、帧同步

三、判断题（正确的打√，错误的打×）

（　　）1. 码元同步也可以用外同步和自同步法实现。

（　　）2. 在二进制系统中，码元同步也叫位同步，因为一个码元就是代表一个二进制位。

（　　）3. 帧同步的主要性能指标是假同步和漏同步的概率。

（　　）4. 起止式同步主要用在异步通信场合。

（　　）5. 数字信号的基带传输也需要载波同步。

四、简答题

1. 什么是载波同步？为什么要解决载波同步问题？
2. 什么是外同步法？它有哪些优缺点？
3. 什么是自同步法？自同步法又有哪几种？
4. 试比较集中插入法和分散插入法的优、缺点。
5. 说说巴克码的特点。

二维码 – 项目八 – 参考答案

第二篇　现代通信技术及应用

项目九

领略现代通信技术及应用

知识点思维导图

学习目标思维导图

案例导入

计算机网络是计算机技术与通信技术相结合的产物，它利用网卡、路由器、交换机等网络设备，将分散在不同位置的计算机及其外部设备，通过通信线路连接起来，实现资源共享和信息传递。

光纤通信和数字微波通信、卫星通信一起被称为现代通信传输的三大支柱。

移动通信技术在近40年得到迅猛发展，已成为当今通信技术中发展最快、与人们生活最贴近的通信技术之一，当前正在大力发展的5G，正以前所未有的速度改变着世界，它不仅是一种通信手段，也是一种新的生态，将极大地改变人类社会。

"交通强国、铁路先行"，截至2022年，中国高铁运行里程已突破4万公里，在世界排名处于第一的位置，复兴号动车组属于中国自主研发的具有自主知识产权的列车，不仅拥有5G技术，还使用北斗卫星导航系统等设备。

我国城轨基础设施建设不断加速，总运营里程占全球总里程的25%以上，短短十余年，走过了西方国家一百多年的发展历程，取得了举世瞩目的突出成就。

任务1 通信业务及压缩编码

任务描述

本任务主要介绍通信业务中音频信号和视频信号的特点，音视频压缩编码技术。

任务目标

- 知识目标：理解音频信号和视频信号的特性，解释音视频压缩编码原因。
- 能力目标：能够利用所学知识分析解答常见通信现象和问题。
- 素质目标：具备乐观、积极的生活态度。

任务实施

现代通信系统的一个重要标志是信源信号、传输系统、交换系统和信号处理等诸环节均实现了数字化。而语音和图像等未经处理的信源信号都是模拟的，在将模拟信号数字化传输的时候，可以采用压缩编码技术，用最小的数据来表示信号，从而减少在信道上传递的消息，提高信道利用率。压缩编码的作用有：

（1）能较快地传输各种信号，如传真、Modem 通信等；
（2）可在现有的通信干线并行开通更多的多媒体业务；
（3）降低发信机功率，这对于多媒体移动通信系统尤为重要。

9.1.1 音频信号与视频信号

在现代通信技术中音频信息主要是指由自然界中各种音源发出的可闻声和由计算机通过专门设备合成的语音或音乐。按表示媒体的不同，此类声音主要有三类，即语音、音乐声和效果声等。音频信号是随时间变化的连续媒体，对音频信号的处理要求有比较强的时序性，即较小的延时和时延抖动。对音频信号的处理涉及音频信号的获取、编解码、传输、语音的识别与理解、语音与音乐的合成等内容。

视频信息即活动或运动的图像信息，它由一系列周期呈现的画面所组成，每幅画面称为一帧，帧是构成视频信息的最基本单元。视频信息在现代通信系统所传输的信息中占有重要的地位，因为人类接收的信息约有 70% 来自视觉，视频信息具有准确、直观、具体生动、高效、应用广泛、信息容量大等特点。

1）听觉特性与音频信号

（1）人的听觉特性。

①人对声音强弱的感觉。

通过对大量人群的测量发现，当声音信号的强度按指数规律增长时，人会大体上感到声音在均匀地增强，即将声音声强取对数后，才与人对声音的强弱感相对应。根据人类听觉的这一特点，通常用声强值或声压有效值的对数来表示声音的强弱，称为声强级 LI 或声压级 LP，单位为分贝（dB）。

②人对声音频率的感觉。

人对声音频率的感觉表现为音调的高低，且当声音的频率按指数规律上升时，音调的感觉线性升高。这意味着只有对声音信号的频率取对数，才会与人的音高感觉成线性关系。为了适应人类听觉的音高感规律，在声学和音乐当中表示频率的坐标经常采用对数刻度。音乐里,为了使音阶的排列听起来音高变化是均匀的,音阶的划分是在频率的对数刻度上取等分得到的。

③人类听觉的频响特性。

人类听觉对声音频率的感觉不仅表现为音调的高低,而且在声音强度相同条件下,声音主观感觉的强弱也是不同的,即人类听觉的频率响应不是平坦的,用通俗的话讲,声音的频率不同,就算响度一样,但是人耳的客观感受也是不一样的。图9-1是人耳的等响度曲线图。

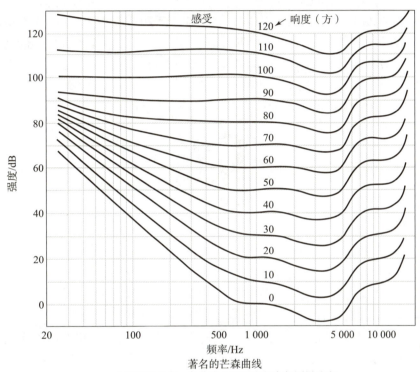

著名的芒森曲线
人耳判断任意一条曲线上的所有频率都同样响亮

图9-1 人耳的等响度曲线图

此外,人的听觉频响还随声压级的变化而变化。人类听觉频响的特点是:声压级越高,听觉频响越平直;随声音声压级的降低,听觉频响变坏,低频响应下降明显。对于高于20 kHz或低于20 Hz的声音信号,不论声压级多高,一般人也不会听到,即人的听觉频带为20 Hz~20 kHz,在此频率范围内的声音称为"可闻声",高于20 kHz的声音称为"超声",低于20 Hz的声音的称为"次声"。不论声压级高低,人对3~5 kHz频率的声音最敏感。

④人类听觉的掩蔽效应。

在人类听觉系统中的另一个现象是一个声音的存在会影响人们对其他声音的听觉能力,使一个声音在听觉上掩蔽了另一个声音,即所谓的"掩蔽效应"。掩蔽效应常在电声系统中被加以利用,使有用声音信号掩蔽掉那些不需要的声音信号,并根据有用信号的强度来规定允许的最大噪声强度。此外,在音频信号数字编码技术中,还可利用人类听觉系统的掩蔽效应实现高效率的压缩编码。

(2) 音频信号特性。

对于不同类型的发声体来说，其声音信号的频谱分布各不相同。一般人讲话声音的主要能量分布较窄，以频带下降 25 dB 计，大概为 100 Hz ~ 5 kHz，因此在电话通信中每一话路的频带一般限制在 300 Hz ~ 3.4 kHz，即可将语音信号中的大部分能量发送出去，同时保持一定的可懂度和声色的平衡。相对于语音频谱，歌唱声的频谱要宽得多，一般男低音可唱到比中央 C 低十三度的 E 音，其基频为 82.407 Hz，而女高音可唱到比中央 C 高两个八度的 C 音或更高，其基频为 1 046.5 Hz，它的第十次谐波已经超过 10 kHz。与人的发声器官相比，各种乐器发声的频谱范围则明显要宽得多，从完美传送和记录音乐的角度来讲，电声设备的频带下限一般要到 20 Hz 以下，而其频带上限一般要到 20 kHz 以上。

实际声音信号的强度在一个范围内随时随刻发生着改变，一个声音信号的动态范围是指它的最大声强与最小声强之差，并用 dB 表示。当用有效声压级表示时，一般语音信号大概有 20 ~ 40 dB 的动态范围；交响乐、戏剧等声音的动态范围可高达 60 ~ 80 dB。当按峰值声压级表示时，有些交响乐的动态范围可达 100 dB 或更高。

听觉特性与音频信号 – 微课视频二维码

2）视频特性与视频信号

视频技术是利用光电和电光转换原理，将光学图像转换为电信号进行记录或远距离传输，然后还原为光图像的一门技术。

(1) 视频信号与图像扫描。

视频技术中实现光学图像到视频图像信号转换的过程通常是在摄像机中完成的。当被摄景物通过摄像机镜头成像在摄像器件的光电导层时，光电靶上不同点随照度不同激励出数目不等的光电子，从而引起不同的附加光电导产生不同的电位起伏，形成与光像相对应的电图像。该电图像必须经过扫描才能形成可以被处理和传输的视频信号。

对于人眼的感觉来说，客观景物图像可以被看成是由很多有限大小的像素组成的，每一个像素都有它的光学特性和空间位置，并且随时间变化。根据人眼对图像细节的分辨能力和对图像质量的要求，要得到较高的图像质量，每幅图像至少要有几十万个以上的像素。显然，要用几十万个传输通道来同时传送图像信号是十分困难的，因此必须采用某种方式完成对图像的分解与变换，使代表像素信息的物理量能够用时间的一维函数来表达。在电视系统中，对景物图像的像素分解与合成，以及图像的时空转换是由扫描系统完成的。

利用人眼的视觉惰性（视觉暂留），在发送端可以将代表图像中像素的物理量按一定顺序一个一个地传送，而在接收端再按同样的规律重显原图像。只要这种顺序进行得足够快，人眼就会感觉图像上的所有像素在同时发亮。在电视技术中，将这种传送图像的既定规律称为扫描。如图 9 – 2 所示，摄像管光电导层中形成的电图像在电子束的扫描下顺序地接通每一个像素，并连续地把它们的亮度变化转换为电信号；扫描得到的电信号经过单一通道传输后，再用电子束扫描具有电光转换特性的荧光屏，从电信号转换成光图像。在电视系统应用的早期，普遍使用的电真空摄像和显像器件均采用电子束扫描来实现光电和电光转换；而随着 CCD/CMOS 摄像机和平板显示器件投入使用，利用各种脉冲数字电路便可实现上述转换。对每一幅图像，电视系统是按照从左至右、从上到下的顺序一行一行地来扫描图像的。对于每一幅图像来说，扫描行数越多，对图像的分解力越高，图像越细腻；但同时视频信号的带宽也就越宽，对信道的要求也越高。

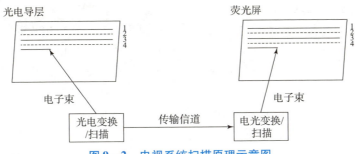

图 9 – 2　电视系统扫描原理示意图

和在电影中一样，为了能够得到连续的、没有跳跃感的活动图像，视频系统也必须在每秒内传输 20 帧以上的图像，以满足人眼对图像连续感的要求。由于历史上的原因，目前国际上存在着 25 帧/s 和 30 帧/s 两种帧频制式。然而，每秒 20~30 帧的图像显示速率尚不能满足人眼对图像闪烁感的要求。为了在不增加电视系统传输帧率和带宽的条件下减少闪烁感，现有各种制式的电视系统均采用了隔行扫描方式。隔行扫描方式将一帧电视图像分成两场：第一场传送奇数行，称为奇数场；第二场传送偶数行，称为偶数场。隔行扫描方式的采用较好地解决了图像连续感、闪烁感和电视信号带宽的矛盾。

在电视系统中除传送图像信号本身以外，还需要传送同步信号以标记图像行、场扫描的开始与结束。因此，图像信号、同步信号等经过合成，构成复合电视信号。

（2）彩色电视系统。

根据人眼的彩色视觉特性，在彩色重现过程中并不要求还原原景物的光谱，重要的是获得与原景物相同的彩色感觉。彩色电视系统是按照三基色的原理设计和工作的。三基色原理指出，任何一种彩色都可由另外的三种彩色按不同的比例混合而成。这意味着，如果选定了三种标准基色，则任何一种彩色可以用合成它所需的三种基色的数量来表示。彩色电视系统正是基于人眼机能和三基色原理，设计出了彩色摄像机和显示器。

在通常的彩色电视摄像机中，模仿人眼中的三种锥状细胞，利用三个摄像管分别拾取景物光学图像中的红、绿、蓝分量，形成彩色电视信号中的红、绿、蓝三个基色分量。加性混色法则构成了显示器彩色显示的基本原理。在彩色荧光屏的内表面涂有大量的，由红、绿、蓝三种颜色为一组组成的荧光粉点。荧光粉是一种受电子轰击后会发光的化合物，其发光强度取决于电子束的强度。图像重现时，将接收到的彩色电视信号中的红、绿、蓝分量分别控制三个电子枪轰击相应颜色的荧光粉点发光，如图 9 – 3 所示；由于荧光粉点很小，在一定距离观看时，三种基色发出的光经过人眼的混合作用，使我们看到均匀的混合色。最终人眼所看到的颜色，则是由

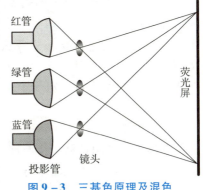

图 9 – 3　三基色原理及混色

三种基色的比例所决定的。在混色原理方面,主动发光型的平板显示器件(如等离子显示)大致与彩色荧光屏相同;但被动发光型的平板显示器件(如液晶显示),其三种基色是由三种颜色的滤光片在白色背光的照射下发出的,三种基色信号通过控制每种颜色滤光片的通光量实现混色。平板显示器件中图像重建过程的扫描功能,通常是在脉冲数字电路作用下完成的,不再需要电子束的聚焦偏转,非常容易由集成电路加以实现。

在彩色电视发展的初期,由于已经存在了相当数量的黑白电视机和黑白电视台,为了保护消费者和电视台的利益并扩大彩色电视节目的收视率,要求彩色电视系统的设计必须考虑与已有黑白电视的兼容。为此,在彩色电视系统中不是传送彩色电视信号中的红、绿、蓝三个基色分量,而是传送一个亮度分量和两个色差分量。在发送端,一个亮度分量和两个色差分量通过对红、绿、蓝三个基色分量的矩阵变换得到;在接收端再通过矩阵逆变换还原成三个基色分量显示。当黑白电视机接收到彩色电视信号时,它只利用其亮度分量实现黑白图像显示;而彩色电视机接收黑白电视信号时,它将黑白电视信号当作其亮度信号,同样实现黑白图像显示,进而实现彩色电视与黑白电视的上下兼容。在彩色电视中由三种基色 R、G、B 构成亮度信号的比例关系如下:

$$Y = 0.299R + 0.587G + 0.114B \qquad (9-1)$$

式(9-1)即为电视系统的亮度方程。至于两个色差信号,则是分别传送红基色分量和蓝基色分量与亮度分量的差值信号,即 U 和 V。

$$U = k_1(B - Y)$$
$$V = k_2(R - Y) \qquad (9-2)$$

式(9-2)中,k_1,k_2 为加权系数。

从数据压缩的角度来看,也希望传送的是 Y、U、V 而不是 R、G、B,因为 Y、U、V 之间是解除了一定相关性的三个量。电视系统中的一个重大问题就是如何用一个通道来传送上述三个信号 Y、U、V。在模拟电视阶段,对于这三个信号的不同传输方式形成了三大不同的彩电制式:PAL 制、NTSC 制和 SECAM 制。这三种制式之间的不同之处在于对色度信号传送所采取的不同处理方式。为满足彩色电视与黑白电视的兼容性,则需在原有黑白电视信道带宽的条件下,同时传送亮度信号 Y 和两个色差信号。由于人眼对于彩色细节的分辨力低于对亮度细节的分辨力,因此色差信号 U 和 V 可以用比亮度信号窄的频带来传送,在我国的 PAL/D 制彩电标准中,亮度 Y 的带宽为 6 MHz,U 和 V 的带宽为 1.3 MHz。

(3) 视频信号频谱特点。

电视系统是通过行、场扫描来完成图像的分解与合成的,尽管图像内容是随机的,但视频信号仍具有行、场或帧的准周期特性。通过对静止图像电视信号进行频谱分析可知:它是由行频、场频的基波及其各次谐波组成的,其能量以帧频为间隔对称地分布在行频各次谐波的两侧。而对活动图像的电视信号,其频谱分布为以行频及其各次谐波为中心的一簇簇连续的梳状谱。对于实际的视频信号,谐波的次数越高,其相对于基波振幅的衰减越大。

在整个视频信号的频带中,没有能量的区域远大于有能量的区域。根据这一性质,模拟彩色电视系统利用频谱交错原理将亮度信号和色差信号进行半行频或 1/4 行频间置,完成彩色电视中亮度信号和色度信号的同频带传输。我国采用的 PAL/D 制彩色电视信号,亮度信号带宽为 6 MHz;在美国、日本等国采用的 NTSC 制电视系统中亮度信号带宽为 4.2 MHz。

由于人眼对于色度信号的分辨率远低于对亮度信号的分辨率，因此在彩色电视系统中，色度信号的带宽一般均低于 1.3 MHz，且调制在彩色副载频上置于亮度信号频谱的高端，以减少亮色信号之间的串扰。

视觉特性和视频信号－微课视频二维码

9.1.2 数据和多媒体业务

1）数据和数据业务

数据通信业务是随着计算机的广泛应用而发展起来的，它是计算机和通信紧密结合的产物，是继电报、电话业务之后的第三种最大的通信业务。由于计算机与其外部设备之间，以及计算机与计算机之间都需要进行数据交换，特别是随着计算机网络互联的快速发展，需要高速进行大容量的数据传输与交换，因而出现了数据通信业务。与传统的电信网络不同，根据网络覆盖的地理范围大小，数据通信网络被分为局域网（LAN）、城域网（MAN）、广域网（WAN），它们采用各自的技术和通信协议，在网络拓扑结构、传输速率、网络功能等方面均有差别。

所谓数据，是指能够由计算机或数字设备进行处理的、以某种方式编码的数字、字母和符号。利用电信号或光信号的形式把数据从一端传送到另外一端的过程称作数据传输，而数据通信是指按照一定的规程或协议完成数据的传输、交换、储存和处理的整个通信过程。

由于数据信号也是一种数字信号，所以数据通信在原理上与数字通信没有根本的区别，实际上数据通信是建立在数字通信基础上的。尽管数据通信与一般数字通信在信号传输方面有许多共同之处，如都需要解决传输编码、差错控制、同步以及复用等问题，但数据通信与数字通信在含义和概念上仍有一定区别。对数字通信而言，它一般仅指所传输的信号形式是数字的而不是模拟的，它所传输的内容可以是数字化的音频信号，可以是数字化的视频信号，也可以是计算机数据。由于所承载的信息内容不同，数字通信系统在传输它们时也会根据其信息特点采取不同的传输手段和处理方式。由此可见，数字通信是比数据通信更为宽泛的通信概念。

相对于其他信息内容的数字通信，数据通信有自己的一些特点：
①数据业务比其他通信业务拥有更为复杂、严格的通信规程或协议；
②数据业务相对于视音频业务实时性要求较低，可采用存储转发交换方式工作；
③数据业务相对于视音频业务差错率要求较高，必须采取严格的差错控制措施；
④数据通信是进程间的通信，可在没有人参与下自动完成通信过程。

2）多媒体业务和多媒体通信

随着数据业务的发展，它和传统的音视频业务融合在了一起，形成多媒体业务。多媒体业务是一种能同时综合处理多种信息，在这些信息之间建立起逻辑关系，使其集成一个交互式系统的技术。其主要用于实时地综合处理声音、文字、图形图像和视频等信息，并把它们融合在一起。多媒体的信息载体是多样的，性质不同，要求也不同。

多媒体通信技术就是解决多媒体内容以哪种格式发送后存储空间小、传输容错能力强、传输速度快、耗费资源少的问题。内容的组织主要涉及多媒体的编码存储等技术，内容传输涉及网络通信技术。

多媒体通信涉及的技术有以下几个方面：

（1）存储技术。多媒体通信中传输的数据种类繁多，如音频、视频、文字等，并且它们具有不同的形式和格式，这就需要一种全新的多媒体数据存储和文件管理技术，比如现在的媒体内容的云存储技术等。

（2）数据压缩技术。多媒体通信中传输的数据量庞大，需要将多媒体数据压缩处理后再传输，因此涉及压缩编码技术。国际标准化组织（ISO）、国际电工委员会（IEC）、国际电信联盟（ITU）制定了一系列的视频压缩编码标准，比如 H.261、MPEG－2、MPEG－4 等。

（3）差错控制和高带宽。多媒体通信对传输速度和质量的要求高，要求有足够的可靠带宽、高效调度的组网方式和传输的差错时延处理等。

（4）交互性。多媒体通信的交互性，提供给我们发展更多增值业务的空间，因此对多媒体通信运营系统提出了更高要求。比如在 EPG（electronic program guide，电子节目菜单）中看到的很多可交互的功能。

数据和多媒体业务－微课视频二维码

9.1.3 音视频压缩编码

所谓音视频编码，指的是将采样后的数字音频数据（PCM 等）或视频像素数据（RGB、YUV 等）压缩成为音频码流或视频码流的过程。

1）为什么要对音视频进行压缩编码？

以 CD 音质为例，采样率为 44 100 Hz，编码位数为 16 b，声道数为 2（左右双声道立体声），则信息速率为 44 100×16×2＝1 378.125（Kb/s），存储一分钟这类 CD 音质数据需要占用的存储空间为 1 378.125×60/8/1 024＝10.09（MB）。

或以 PAL 制电视系统为例，其亮度信号采样频率为 13.5MHz；色度信号的频带通常为亮度信号的一半或更少，为 6.75 MHz 或 3.375 MHz。以 4∶2∶2 的采样频率为例，Y 信号采用 13.5 MHz，色度信号 U 和 V 采用 6.75 MHz 采样，采样信号以 8 b 量化，则可以计算出数

字视频的码率为 $13.5 \times 8 + 6.75 \times 8 + 6.75 \times 8 = 216$（Mb/s）。

如此大的传输数据量，现行带宽压力巨大，流量资费大，且存储数据量也极大，因此必须采用压缩技术以减少码率。

2）为什么音视频可以进行压缩？

视频信号之所以能进行压缩，主要是因为采集到的音视频源存在冗余信息，其中视频源中的冗余信息可分为以下两种：

数据冗余。例如空间冗余、时间冗余、结构冗余、信息熵冗余等，即图像的各像素之间存在着很强的相关性。消除这些冗余并不会导致信息损失，属于无损压缩。

视觉冗余。人眼的一些特性，比如亮度辨别阈值、视觉阈值，对亮度和色度的敏感度不同，使得在编码的时候即使引入适量的误差，也不会被察觉出来。可以利用人眼的视觉特性，以一定的客观失真换取数据压缩，这种压缩属于有损压缩。

音频源中的冗余成分指的是音频中不能被人耳感知到的信号，它们对确定声音的音色、音调等信息没有任何帮助。包含人耳听觉范围外的音频信号以及被掩蔽掉的音频信号等。例如，人耳所能察觉的声音信号的频率范围为 20 Hz ~ 20 kHz，除此之外的其他频率人耳无法察觉，都可视为冗余信号。此外，根据人耳听觉的生理和心理声学现象，当一个强音信号与一个弱音信号同时存在时，弱音信号将被强音信号所掩蔽而听不见，这样弱音信号就可以视为冗余信号而不用传送，这就是人耳听觉的掩蔽效应。

3）常用的视频编码技术

视频编码是视音频技术中最重要的技术之一。视频码流的数据量占了音视频总数据量的绝大部分。高效率的视频编码在同等的码率下，可以获得更高的视频质量。常见的视频编码技术如表 9 – 1 所示。

表 9 – 1　常见的视频编码技术一览表

序号	名称	推出机构	推出时间
1	HEVC（H.265）	MPEG/ITU – T	2013 年
2	MPEG4	MPEG	2001 年
3	MPEG2	MPEG	1994 年
4	VP9	Google	2013 年
5	VP8	Google	2008 年
6	VC – 1	Microsoft Inc.	2006 年

4）常用的音频编码技术

音频编码也是一种重要的音视频编码技术，但是一般情况下音频的数据量要远小于视频的数据量，因而即使使用稍微落后的音频编码标准，导致音频数据量有所增加，也不会对音视频的总数据量产生太大的影响，高效率的音频编码在同等的码率下，可以获得更高的音质。常见的音频编码技术如表 9 – 2 所示。

表9-2 常见的音频编码技术一览表

序号	名称	推出机构	推出时间
1	AAC	MPEG	1997年
2	AC-3	Dolby Inc.	1992年
3	MP3	MPEG	1993年
4	WMA	Microsoft Inc.	1999年

由表可见，近年来并未推出全新的音频编码方案，可见音频编码技术已经基本可以满足人们的需要。音频编码技术近期绝大部分的改动都是在 MP3 的继任者——AAC 的基础上完成的。

5）封装格式

所谓封装格式就是将已经编码压缩好的视频数据和音频数据按照一定的格式放到一个文件中，这个文件就称为视频封装格式（容器）。通常我们不仅仅只存放音频数据和视频数据，还会存放一些视频同步的元数据（信息），例如字幕。这三种数据会由不同的程序来处理，但是它们在传输和存储的时候都是被绑定在一起的。常见的视频封装格式如表9-3所示。

表9-3 常见的视频封装格式一览表

序号	名称	推出机构	流媒体	支持的视频编码	支持的音频编码	应用领域
1	MKV	CoreCodec Inc.	支持	几乎所有格式	几乎所有格式	互联网视频网站
2	FLV	Adobe Inc.	支持	Sorenson，VP6，H.264	MP3，ADPCM，Linear PCM，AAC 等	互联网视频网站
3	MP4	MPEG	支持	MPEG-2，MPEG-4，H.264，H.263 等	AAC，MPEG-1 Layers Ⅰ、Ⅱ、Ⅲ，AC-3 等	互联网视频网站
4	TS	MPEG	支持	MPEG-1，MPEG-2，MPEG-4，H.264	MPEG-1 Layers Ⅰ、Ⅱ、Ⅲ，AAC	IPTV，数字电视
5	RMVB	Real Networks Inc.	支持	RealVideo 8，9，10	AAC，Cook Codec，RealAudio Lossless	BT下载影视
6	AVI	Microsoft Inc.	不支持	几乎所有格式	几乎所有格式	BT下载影视

由表可见，除了 AVI 之外，其他封装格式都支持流媒体，即可以"边下边播"；有些格式更"万能"一些，支持的音视频编码标准多一些，比如 MKV，称为万能封装器；而有些格式则支持的相对比较少，比如 RMVB；有些封装方式可以很好地保护原始地址，不容易被下载，比如 FLV。

任务思考：压缩编码有无损压缩和有损压缩，请问前面的 ADPCM 编码是有损还是无损压缩？

任务2 交换技术及 IP 网络技术

任务描述

本任务主要介绍在现代通信发展过程中，交换技术的发展、TCP/IP 协议及 IP 交换设备。

任务目标

- 知识目标：了解交换技术的发展，对比电路交换与分组交换，理解 IP 网络技术。
- 能力目标：能够区分二层交换机、三层交换机和路由器在网络中的作用。
- 素质目标：具备计算思维和信息化能力。

任务实施

9.2.1 交换技术

"交换"一词来源于英文单词"switch"，在英文中，动词"交换"和名词"交换机"是同一个词，"switch"原意是"开关"，早期电话通信网中的交换机在电路接续时采用的是金属触点开关，后来发展为电子开关，我国的邮电专业技术人员将"switch"译为"交换"。

交换就是在多用户通信系统中，通过交换节点和交换设备来选择路由并分配相关资源，接续所需的通信线路，以实现任意用户间的信息传递。

1）交换技术的分类

（1）按通信网络业务类别分类。

按通信网络业务类别不同，交换技术可分为电话通信网交换技术、数据通信网交换技术等。

（2）按交换原理分类。

按交换原理不同，交换技术可分为电路交换和分组交换技术。分组交换技术从 X.25 分组技术又发展出了帧中继技术、异步传输模式（ATM）及多协议标签交换（MPLS）技术等。

（3）按信号特性分类。

按信号特性不同，从信号是电的还是光的，交换技术可分为电交换技术和光交换技术；从信号是模拟的还是数字的，交换技术可分为模拟交换技术和数字交换技术；从信号复用方式是空分的还是时分的，交换技术可分为空分交换技术和时分交换技术。

2）主要交换技术

（1）电路交换。

自 1876 年美国贝尔发明电话以来，随着社会需求的增长和通信技术水平的不断发展，电路交换技术从最初的人工接续方式，经历了机电与电子式自动交换、存储程序控制的模拟和数字交换、第三方可编程交换等技术的变革，当前正在发展中的是融合多媒体格式相互通信的软交换技术。

随着电子技术，尤其是半导体技术的迅速发展，人们在交换机内引入电子技术，这类交换机称作电子交换机。最初是在交换机的控制部分引入电子技术，话路部分仍采用机械接点，出现了"半电子交换机""准电子交换机"。只有在微电子技术和数字技术进一步发展以后，才开始了全电子交换机的迅速发展。

1946 年第一台电子计算机的诞生，对交换技术的发展产生了巨大的影响。在 20 世纪 60 年代后期，脉冲编码调制（PCM）技术成功地应用在通信传输系统中，对通话质量和节约线路设备成本都产生了很大好处。随着数字通信与 PCM 技术的迅速发展和广泛应用，产生了将 PCM 信息直接交换的思想，各国开始研制程控数字交换机。1970 年法国首先在拉尼翁（Lanion）成功地开通了世界上第一台程控数字交换系统，标志着交换技术从传统的模拟交换进入了数字交换时代。程控数字交换技术采用 PCM 数字传输和数字交换，非常适合信息数字化应用，除应用于普通电话通信以外，也为开通用户电报、数据传送等非话业务提供了有利条件。目前在电信网中使用的电路交换机全部为程控数字交换机，可向用户提供电路方式的固定电话业务、移动电话业务和窄带 ISDN 业务。

电路交换建立的是端到端的连接，用户的通话过程不需要交换机参与，用户 A 和用户 B 通过电路交换完成通话的示意图如图 9-4 所示。

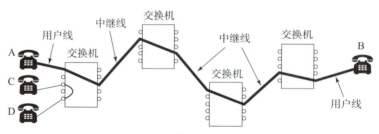

图 9-4　电路交换示意图

（2）分组交换。

对于采用分组交换方式的数据通信网来说，则是沿用了电话通信网中的"交换"一词，这时，分组交换机将需要传送的数据信息封装成一个个具有一定格式的分组，交换就是根据目的地址选择下一个交换节点，以分组为单位发送给下一个交换节点，各交换节点将从上一个交换节点收到的分组暂存并择机转发到下一个交换节点，直到送达终端交换机为止，如图 9-5 所示。

分组交换方式又分为面向连接方式和无连接方式两种。面向连接方式需要事先约定信息传输的路径，即建立虚连接，然后再沿着该路径进行存储—转发信息；无连接方式不需要建立虚连接，即由交换节点设备独立决定转发方向。

数据通信网交换技术的发展可以分为电路交换阶段和分组交换阶段，数据通信网中的电

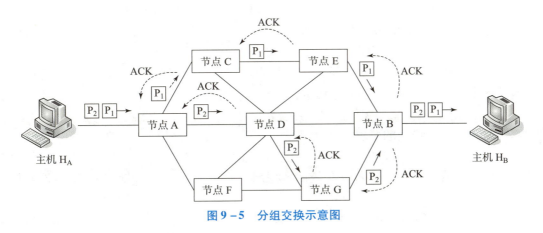

图 9-5 分组交换示意图

路交换技术是对电话通信网的电路交换技术的继承,用于数据网发展初期,这时数据通信网依托于电话通信网。数据通信网的分组交换技术经历了 X.25、帧中继、ATM、MPLS,最终朝着 IP 化、宽带化、智能化发展。

① X.25 分组交换技术。

最初的 X.25 分组交换技术产生在传输介质质量较差、终端智能较低以及对通信速率要求不高的历史背景下,采用的 X.25 是 1974 年由原国际电报电话咨询委员会(CCITT,ITU 前身)按照电信级标准制定的。为提供高可靠性的数据服务,保证端到端传送质量,它采用逐段链路差错控制和流量控制,由于协议多,每台 X.25 分组交换机都要进行大量的处理,这样就使传输速率降低,时延增加,只能提供中低速率的数据业务,主要用于广域网连接。大多数国家的公用 X.25 分组交换网络是在 20 世纪 70 年代到 80 年代建立的。

数据网技术 1-动画-二维码

② 帧中继技术。

帧中继技术是在分组技术、数字和光纤传输技术、计算机技术日益成熟的条件下发展起来的。随着光纤通信的发展,传输质量大大提高,并且终端智能化足以完成一些复杂的处理,局域网间的数据传输量和带宽要求急剧增加。于是由 X.25 分组交换技术加以改进产生了帧中继技术(1991 年),并替代了 X.25 分组交换技术。帧中继技术完成了开放系统互连模型(OSI-RM)的物理层和链路层的功能;流量控制、纠错等功能改由智能终端去完成,这大大简化了节点机之间的协议,提高了线路带宽的利用率。和 X.25 相比,节点的延时大大降低,吞吐量大大提高。帧中继主要应用于局域网(LAN)互联、高清晰度图像业务、宽带可视电话业务和 Internet 连接业务等。

③ ATM 技术。

在 20 世纪 80 年代,随着多媒体技术的发展,网络应用已不限于传统的语言通信与基于文本的数据传输。于是原 CCITT 提出 B-ISDN（broadband integrated services digital network，宽带综合业务数字网）的概念，B-ISDN 需要用一种新的网络替代现有的电话网及各种专用网，这种单一的综合网可以同时传输语音、数字、文字、图形与视频信息等多种类型的数据。B-ISDN 不同类型的数据对传输的服务要求不同，对数据传输的实时性要求也越来越高。这种应用会增加网络突发性的通信量，而不同类型的数据混合使用时，各类数据的服务质量（QoS）是不相同的。多媒体网络应用及实时通信要求网络传输的高速率与低时延，而 ATM 技术能满足此类应用的要求。

由于 ATM 技术简化了交换过程，去除了不必要的数据检验，采用易于处理的固定信元格式，所以 ATM 交换速率大大高于传统的数据网，如 X.25、数字数据网 DDN、帧中继等。另外，对于如此高速的数据网，ATM 网络采用了一些有效的业务流量监控机制，对网上用户进行实时监控，把网络拥塞发生的可能性降到最小。对于不同业务赋予不同的优先级，如语音的实时性优先级最高，一般数据文件传输的正确性优先级最高，网络对不同业务分配不同的网络资源，这样就将不同的业务综合在同一网络中实现。

④MPLS（multi-protoco label switching，多协议标签交换）技术

随着 Internet 网络的发展，IP 网络应用多种多样，但是 IP 网络无法提供可靠的 QoS，而 B-ISDN 的 ATM 能够为各种业务提供可靠的 QoS，但缺乏灵活性。在 20 世纪 90 年代，出现了整合 IP 网络技术和 ATM 交换技术的 MPLS 技术等。

另外，对于电话通信来说，随着网络电话（VoIP）技术的应用，电话交换技术从电路交换技术发展到分组交换技术。电话通信网和数据通信网又一次在交换技术上得到统一。

交换技术 2-动画-二维码

（3）交换技术的发展方向。

①IP 化。

随着通信网络的综合化发展，具有开放性的 IP 技术在和 ATM 技术的竞争中最后胜出，通信网络逐步演变成全 IP 化的网络。面对数量巨大的 IP 数据，如果仍然采用计算机网络中的路由器对每个 IP 报文单独进行路由处理，然后进行交换的方式，效率低下，已经不再适用。于是产生了 IP 技术和 ATM 技术相结合 IP 交换技术，就像邮政系统采用邮政编码以便分拣一样，在 IP 网络入口处给每个业务信息流的所有 IP 报文都贴上一个特有的标签，表示这些报文的路由都是一样的，这样，通过一次路由处理，然后都按照标签进行交换就可以了。

②宽带化。

随着通信业务量的不断增长，用户对带宽的需求也越来越多。光纤通信技术的出现首先解决了传输带宽的问题，但交换机需要在交换处理前后分别进行光/电、电/光的转换，因此，电交换技术成为了网络中的瓶颈。

通信网络在模拟传输时，采用机电式交换技术；在数字传输时，采用电子式交换技术。

那么，在光传输时，采用光交换技术应该是顺应历史发展的。光交换技术是全光通信网络的核心技术。

③智能化。

下一代网络（NGN）是基于 IP、支持多种业务、能够实现业务与传送分离、控制功能独立、接口开放、具有 QoS 保证和支持通用移动性的分组网。NGN 的核心技术是智能化的软交换技术。软交换设备是通过功能分离从传统网络中演化而来的，软交换体系可以由多个设备提供商提供基于开放标准的产品，使得运营商能够灵活地选择最合适的产品去建设网络，而且开放的标准也能促进发展和节约成本。

（4）软交换技术。

软交换技术是 NGN 的核心技术，广义地讲，软交换是指以软交换设备为控制核心的软交换网络，包括接入层、传送层、控制层及应用层，通常称为软交换系统；狭义地说，软交换特指为控制层的软交换设备。

在电路交换网中，呼叫控制、业务提供以及交换矩阵均集中在一个交换系统中，而软交换的主要设计思想是业务和控制分离，传送与接入分离，各实体之间通过标准的协议进行连接和通信，以便在网络上更加灵活地提供业务。

软交换技术主要有以下特点：

①业务控制和呼叫控制分开；

②呼叫控制与承载连接分开；

③提供开放的接口，便于第三方提供业务。

具有用户语音、数据、移动业务和多媒体业务的综合呼叫控制系统，用户可以通过各种接入设备连接到 IP 网络。图 9-6 是传统电路交换模式和软交换模式的对比。

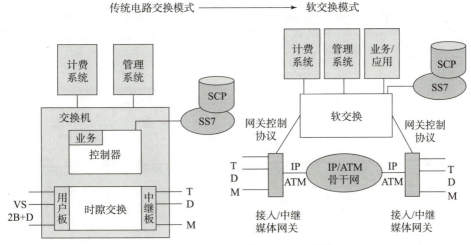

图 9-6　传统电路交换模式和软交换模式

（5）光交换技术。

光交换技术是指不通过任何光/电转换，直接在光域上完成输入到输出端的信息交换。

根据光信号的复用方式，光交换技术可分为空分、时分和波分 3 种交换方式。类似于电路域的电路交换技术与分组交换技术，光交换技术也可分为光路光交换技术和分组光交换技术。实现光交换的设备是光交换机,光交换机是全光网络的核心。光交换技术的主要特点是:克服电子器件的瓶颈,大大提升带宽,省去光/电、电/光转换,提高效率并降低成本。

9.2.2　IP 网络技术

1) TCP/IP 协议

1969 年,ARPA(Advanced Research Project Agency)建立了 ARPANET,它是最早的计算机网络之一,现代计算机网络的许多概念和方法便来自 ARPANET。ARPA 为了实现异种网络之间的互联和互通,大力资助网间技术的研究开发,并于 1977—1979 年推出 TCP/IP 体系结构和协议规范。

TCP/IP 发展到现在已成为计算机之间最常用的组网协议。它是一个真正的开放系统,允许不同厂家生产的各种型号的计算机完全不同的操作系统通过 TCP/IP 进行互连。它是"全球互联网"或"因特网"的基础,成为一种事实上的工业标准。

TCP/IP 并不是仅仅包括 TCP 和 IP 协议,它是一系列协议的集合,是一种体系结构。相对于 ISO 制定的 OSI(开放式系统互连)七层参考模型而言,TCP/IP 的体系结构一般分为四层。表 9-4 是 TCP/IP 协议分层与 OSI 七层协议对应关系及一些常用协议。

二维码-动画-TCP/IP 协议

表 9-4　TCP/IP 协议分层与 OSI 七层协议的对应关系及一些常用协议

OSI 七层协议	TCP/IP 协议	TCP/IP 主要协议
应用层	应用层	HTTP、FTP、DNS、SMTP、POP3
表示层		
会话层		
传输层	传输层	TCP、UDP
网络层	网络层	IP、ICMP、ARP、IGMP
数据链路层	网络接口层	Ethernet 802.3、Token Ring 802.5、X.25、Frame relay、HDLC、PPP ATM
物理层		

(1) 应用层。

在 TCP/IP 体系结构中,应用层是最靠近用户的一层。它包括了所有的高层协议,并且总是不断有新的协议加入。其主要协议包括:

①网络终端协议(Telnet),用于实现互联网中的远程登录功能;

②文件传输协议(file transfer protocol, FTP),用于实现互联网中交互式文件传输功能;

③简单网络管理协议(simple network file system, SNMP),用于管理和监视网络设备;

④网络文件系统（network file system，NFS），用于网络中不同主机间的文件共享。

应用层协议有的依赖于面向连接的传输层协议 TCP（例如 Telnet 协议、SMTP 协议、FTP 协议及 HTTP 协议），有的依赖于面向非连接的传输层协议 UDP（例如 SNMP 协议），还有一些协议（如 DNS），既可以依赖于 TCP 协议，也可以依赖于 UDP 协议。

（2）传输层。

传输层主要为两台主机上的应用程序提供端到端的通信。在 TCP/IP 协议组中，有两个互不相同的传输协议：TCP 和 UDP。

TCP 为两台主机提供高可靠性的数据通信。它提供面向连接的服务，在传输之前，双方首先建立连接，然后传输有序的字节流，传输完毕后再关闭连接。

UDP 提供了一种非常简单的服务。它只是把称作数据报的分组从一台主机发送到另一台主机，但并不保证数据报能到达另一端。

（3）网络层。

网络层也称为网络互联层，互联层是 TCP/IP 体系结构的第三层，它实现的功能相当于 OSI 参考模型网络层的无连接网络服务。互联层负责将源主机的报文分组发送到目的主机，源主机与目的主机可以在一个网上，也可以在不同的网上。网络层的主要功能包括：

①处理来自传输层的分组发送请求。在收到分组发送请求之后，将分组装入 IP 数据报，填充报头，选择发送路径，然后将数据报发送到相应的网络输出线。

②处理接收的数据报。在接收到其他主机发送的数据报之后，检查目的地址，如需要转发，则选择发送路径，转发出去；如目的地址为本节点 IP 地址，则除去报头，将分组送交给传输层处理。

③处理互联的路径、流控与拥塞问题。

（4）网络接口层。

在 TCP/IP 分层体系结构中，最底层是网络接口层，它负责通过网络发送和接收 IP 数据报。TCP/IP 体系结构并未对网络接口层使用权的协议做出强制的规定，它允许主机连入网络时使用多种现成的和流行的协议，例如局域网协议或其他一些协议。

2）网际协议 IP

IP 是网络之间互联的协议，也就是为计算机网络相互联接进行通信而设计的协议。IP 与 TCP 是 TCP/IP 协议体系中两个最重要的协议，共同构成了 Internet 的基础。IP 将多个数据包交换网络联接起来，它在源地址和目的地址之间传送数据包，还提供对数据大小的重新组装功能，以适应不同网络对数据包大小的要求。任何厂家生产的计算机系统，只要遵守 IP 协议就可以与 Internet 互联互通。正是因为有了 IP 协议，Internet 才得以迅速发展成为世界上最大的、开放的计算机网络。IP 定义了以下三部分内容：

①定义了在 Internet 上传送数据的基本单元和数据格式。

②定义了 IP 完成路由选择功能，选择数据传送的路径。

③定义了一组不可靠分组传送的规则，以及分组处理、差错信息发生和分组的规则。

IP 交换是一种数据报交换形式，就是把所传送的数据分段打成"包"，再传送出去。但是与传统的"连接型"分组交换不同，它属于"无连接型"，是把打成的每个"包"都作为一个"独立的报文"传送出去，所以称为"数据报"。在开始通信之前就不需要先连接好一条电路，各个数据报不一定都通过同一条路径传输，所以称为"无连接型"。这一特点非常重要，它大大提高了网络的坚固性和安全性。

负责制定国际互联网通信协议的组织称为因特网工程任务组（Internet Engineering Task Force，IETF），它先后发布过多个版本的协议，最通用的协议版本是1981年发布的网络协议版本4，即IPv4。IPv4最大的问题在于网络地址资源有限，严重制约了互联网的应用和发展，因此IETF又设计出了用于替代IPv4的下一代协议：IPv6。IETF从1996年开始逐步推出IPv6。2012年6月，国际互联网协议举行了世界IPv6纪念日，当前大多数的通信设备都同时支持IPv4和IPv6。

（1）IP地址。

IP地址有一个非常重要的内容，那就是给Internet上的每台计算机和其他设备都规定了一个唯一的地址，即IP地址。正是这种唯一的地址，才保证了用户在联网的计算机上操作时，能够高效而且方便地从千千万万台计算机中选出自己所需的对象来。

①IPv4地址。

IPv4地址是IP版本4所采用的地址，它使用32位（4个字节）地址，在计算机内部用32位二进制数形式表示。但是为了方便阅读和分析，它通常被写成点分十进制的形式，即4字节被分开用十进制数表示，中间用点分隔，如IP地址：11001010 01110111 00000010 11000111，其对应的十进制格式为：202.119.2.199。

②IPv4地址的组成。

IP地址由网络号（network ID）和主机号（host ID）两个部分组成，网络号用来标志互联网中的一个特定网络，而主机号则用来表示该网络中主机的一个特定连接。所有在相同物理网络上的系统必须有同样的网络号，网络号在互联网上应该是独一无二的。主机号在某一特定的网络中才必须是唯一的。

③IPv4地址的分类。

为了适合各种不同大小规模的网络需求，IPv4地址被分为A、B、C、D、E五大类，其中A、B、C类是可供Internet网络上的主机使用的IPv4地址，而D、E类是供特殊用途的IPv4地址，图9-7列出了五类地址的结构。

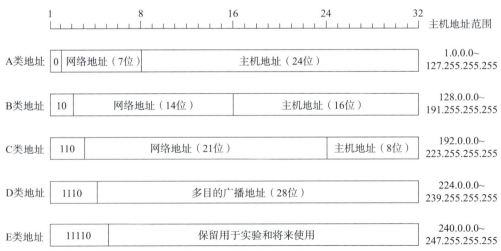

图9-7 五类地址的结构

（2）特殊的 IP 地址。

①广播地址。

IP 协议规定，主机号为全"1"的 IP 地址是保留给广播用的。广播地址又分为两种：直接广播地址和有限广播地址。

直接广播地址：如果广播地址包含一个有效的网络号和一个全"1"的主机号，那么称之为直接广播（directed broadcasting）地址。在 IP 互联网中，任意一台主机均可向其他网络进行直接广播。例如 C 类地址 202.93.120.255 就是一个直接广播地址。

有限广播地址：32 位全为"1"的 IP 地址（225.225.225.225）用于本网广播，该地址叫作有限广播（limited broadcasting）地址。在主机不知道本机所处的网络时（如主机的启动过程中），只能采用有限广播方式，通常由无盘工作站启动时使用，希望从网络 IP 地址服务器处获得一个 IP 地址。

②回送地址。

任何一个以 127 开头的 IP 地址（127.0.0.0 ~ 127.255.255.255）都是一个保留地址，用于网络软件测试以及本地机器进程间通信。这个 IP 地址叫作回送地址（或叫循环地址）（loopback address），最常见的表示形式为 127.0.0.1。

在每个主机上对应于 IP 地址 127.0.0.1 都有个接口，称为回送接口（loopback interface）。IP 协议规定，无论什么程序，一旦使用回送地址作为目的地址，协议软件不会把该数据包向网络上发送，而是把数据包直接返回给本机。

③"零"地址。

网络号为"0"的 IPv4 地址指的是本网络上的某台主机。例如，如果 C 类网络 192.168.3.0 上的某台主机要发送数据包给本网络的 IP 地址为 192.168.3.9 的主机，则它可以将数据包的目标地址置为 0.0.0.9。

另外，对于 32 位全为"0"的 IP 地址（0.0.0.0），任何主机都可以用它来表示自己。

④私有 IP 地址。

如果单位所申请的 IP 地址数不够使用，那么如何让公司内部网络所有的计算机都能使用 TCP/IP 协议来沟通，并连接到 Internet 上访问 Internet 的资源呢？或者因为安全性的考虑，不让某些主机直接与外界沟通。利用私有 IP 地址（也叫专用 IP）是一个解决上述两个问题的较好方法。分类私有 IP 地址如表 9-5 所示。

表 9-5 分类私有 IP 地址

类别	地址范围	默认子网掩码	网络数	每个网络主机数	总主机数
A	10.0.0.0 ~ 10.255.255.255	255.0.0.0	1	16 777 214	16 777 214
B	172.16.0.0 ~ 172.31.255.255	255.255.0.0	16	65 534	1 048 544
C	192.168.0.0 ~ 192.168.255.255	255.255.255.0	255	254	65 024

（3）IP 地址分配。

IP 地址的分配是 TCP/IP 网络管理的中心问题，这些地址必须以某种形式被分配以满足它们的唯一性。一个物理网络上的用户想进入 Internet，必须获得 IP 地址授权机构（称为网络信息中心 NIC）分配的 IP 地址。国内用户可以通过 CNNIC 申请。一般的企业网络可以根据具体的接入 Internet 的情况，向上一级机构或其他代理机构申请 IP 地址。

对于那些不连接到 Internet 上的网络，可以自行选择 IP 地址分配方案，但最好还是使用由 IANA（Internet 地址分配管理局）保留的私有 IP 地址（也称专用地址），为将来接入 Internet 做准备。IP 地址分配原则：网络 ID 中第一个数不能是 127；主机 ID 不能都是 255；主机 ID 不能都是 0；主机 ID 对于本地网络 ID 来说是唯一的。

（4）IPv6 地址。

IPv6 地址的引入不仅能解决网络地址资源数量的问题，而且能解决多种接入设备连接互联网的故障。

IPv6 的地址长度为 128 位，是 IPv4 地址长度的 4 倍，因此 IPv4 的点分十进制格式不再适用。IPv6 采用十六进制数表示，3 种表示方法如下：

一是冒分十六进制数表示法。格式为 X:X:X:X:X:X:X:X，其中每个 X 表示地址中的 16 位，以十六进制数表示，例如 2001:0F01:0000:6789:0089:2354:5009:0239。在这种表示方法中，每个 X 的前导 0 是可以省略的。如前面的地址可以写成 2001:F01:0:6789:89:2354:5009:239。

二是 0 位压缩表示法。在某些情况下，一个 IPv6 地址中可能包含很长的一段"0"，可以把连续的一段"0"压缩为"::"，但是为了保证地址解析的唯一性，地址中"::"只能出现一次。例如：

FE78:0:0:0:0:0:0:2023 可以写成 FE78::2023；

0:0:0:0:0:0:0:1 可以写成::1；

0:0:0:0:0:0:0:0 可以写成::。

三是内嵌 IPv4 地址表示法。为了实现 IPv4 与 IPv6 的互通，IPv4 地址会嵌入 IPv6 地址中。此时地址常表示为 X:X:X:X:X:X:d.d.d.d，前 96 位采用冒分十六进制数表示，而最后 32 位地址则使用 IPv4 的点分十进制数表示，例如::192.168.1.1。

3）网络层的其他协议

网络层的其他协议主要有 ARP、ICMP 和 IGMP。

ARP 是根据 IP 地址获取物理地址（MAC 地址）的一个协议。主机发送信息时将包含目标 IP 地址的 ARP 请求广播到网络上的所有主机，并接收返回消息，以此确定目标主机的物理地址；收到返回消息后将该 IP 地址和物理地址存入本机的 ARP 缓存中并保留一定时间，下次请求时直接查询 ARP 缓存以节约资源。

ICMP 用于在 IP 主机、路由器之间传递控制消息，控制消息是指网络通不通、主机是否可达、路由是否可用等网络本身的消息。

IGMP 提供 Internet 多点传送的功能，即将一个 IP 包复制给多个主机。

9.2.3　IP 网交换设备

分组交换设备从最初的 X.25 分组交换机发展到帧中继交换机、ATM 交换机，这些分组交换设备随着网络 IP 化已逐步被淘汰。下面介绍 IP 网中常用的交换设备。

1）IP 网交换设备

常用的 IP 网交换设备有网桥、二层交换机、路由器、三层交换机和四层交换机等。按照 OSI 模型对常用的 IP 网交换设备进行分类，网桥和二层交换机属于数据链路层设备；路由器和三层交接机属于网络层设备，四层交换机属于传输层设备。

二维码–动画–IP 路由技术

2）IP 网交换设备的工作原理
（1）二层交换机工作原理。
①二层交换机属数据链路层设备，可以看成多端口的网桥，可以识别数据包中的 MAC 地址信息，根据 MAC 地址进行转发，并将这些 MAC 地址与对应的端口记录在内部的地址列表中。
②当交换机从某个端口收到一个数据包，它先读取包头中的源 MAC 地址，这样它就知道源 MAC 地址的机器是连在哪个端口上的。
③再去读取包头中的目的 MAC 地址对应的端口，把数据包直接复制到该端口上。
④如果 MAC 地址表中有与该目的 MAC 地址对应的端口，把数据包直接复制到该端口上；如果表中找不到相应的端口，则把数据包广播到所有端口上。当目的机器对源机器回应时，交换机又可以学习目的 MAC 地址与哪个端口对应，在下次传送数据时就不再需要对所有端口进行广播了。

不断地循环这个过程，对于全网的 MAC 地址信息都可以学习到，二层交换机就是这样建立和维护它自己的地址表的。图 9–8 所示为主机 A 发送数据包给主机 C 时二层交换机的工作原理示意图。

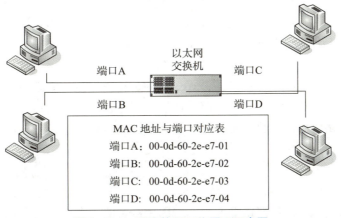

图 9–8 二层交换机工作原理示意图

从二层交换机的工作原理中可以总结出以下三点：
①由于交换机对多数端口的数据进行同时交换，这就要求具有很宽的交换总线带宽，如果二层交换机有 N 个端口，每个端口的带宽是 M，交换机总线带宽超过 $N \times M$，那么该交换机就可以实现线速交换。

②学习端口连接的机器的 MAC 地址，写入地址表，地址表大小影响交换机的接入容量。

③二层交换机一般都含有专门用于处理数据包转发的 ASIC（application specific integrated circuit）芯片，因此转发速度可以做到非常快。各个厂家使用的 ASIC 不同，这将直接影响产品的性能。

（2）路由器的工作原理。

路由技术工作在 OSI 模型的第三层——网络层，其工作模式与二层交换相似，但路由器工作在第三层，这个区别决定了路由和交换在传递数据时使用不同的控制信息，因为控制信息不同，实现功能的方式就不同。工作原理是在路由器的内部也有一张表，这张表所表述的是如果要去某一个地方，下一步应该向哪里走，如果能从路由表中找到数据包下一步往哪里走，把数据链路层信息加上转发出去；如果不能知道下一步走向哪里，则将此包丢弃，然后返回一个信息交给源地址。图 9-9 是路由器工作原理示意图。

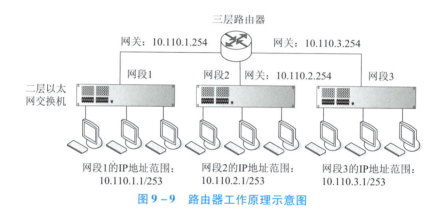

图 9-9 路由器工作原理示意图

路由技术实质上来说有两种功能：决定最优路由和转发数据包。路由表中写入各种信息，由路由算法计算出到达目的地址的最佳路径，然后由相对简单直接的转发机制发送数据包。接收数据的下一台路由器依照相同的工作方式继续转发，依此类推，直到数据包到达目的路由器。

而路由表的维护，也有两种不同的方式：一种是路由信息的更新，将部分或者全部的路由信息公布出去，路由器通过相互学习路由信息，就掌握了全网的拓扑结构，这一类的路由协议称为距离矢量路由协议；另一种是路由器将自己的链路状态信息进行广播，通过相互学习掌握全网的路由信息，进而计算出最佳的转发路径，这类路由协议称为链路状态路由协议。

由于路由器需要做大量的路径计算工作，一般处理器的工作能力直接决定其性能的优劣。当然这一判断是对中低端路由器而言的，因为高端路由器往往是采用分布式处理系统体系设计的。

路由器除了上述的路由选择这一主要功能外，还具有网络流量控制功能。有的路由器仅支持单一协议，但大部分路由器可以支持多种协议的传输，即多协议路由器。由于每一种协议都有自己的规则，要在一个路由器中完成多种协议的算法，势必会降低路由器的性能。因此，我们以为，支持多协议的路由器性能相对较低。用户购买路由器时，需要根据自己的实际情况,选择自己需要的网络协议的路由器。

近年来出现了交换路由器产品,从本质上来说它不是什么新技术,而是为了提高通信能力,把交换机原理组合到路由器中,使数据传输能力更快、更好。

(3) 三层交换机。

三层交换(也称多层交换技术或 IP 交换技术)是相对于传统交换概念而提出的。众所周知,传统的交换技术是在 OSI 网络标准模型中的第二层——数据链路层进行操作的,而三层交换技术是在网络模型中的第三层实现了数据包的高速转发。简单地说,三层交换技术就是:二层交换技术 + 三层转发技术。

三层交换技术的出现,解决了局域网中划分之后,网段汇子网必须依赖路由器进行管理的问题,解决了传统路由器低速、复杂所造成的网络瓶颈问题。

三层交换机是在二层交换机的基础上增加路由功能,但它不是简单的二层交换机加路由器,而是采用不同的转发机制。路由器的转发采用最长匹配的方式,实现较复杂,通常用软件来实现,而三层交换机的路由查找是针对流的,它利用高速缓冲存储器(CACHE)技术,很容易采用 ASIC 实现,因此,可以大大节约成本,并实现快速转发。

三层交换的特点如下:

①由硬件结合实现数据的高速转发。三层路由模块直接叠加在二层交换的高速背板总线上,突破了传统路由器的接口速率限制,速率可达几十 Gbit/s,加上背板带宽,接口速率和背板带宽是三层交换机性能的两个重要参数。

②简洁的路由软件使路由过程简化。大部分的数据转发,除了必要的路由选择交由路由软件处理,都是由二层模块高速转发,路由软件大多都是经过处理的高效优化软件,并不是简单照搬路由器中的软件。

图 9 – 10 是三层交换机工作示意图。

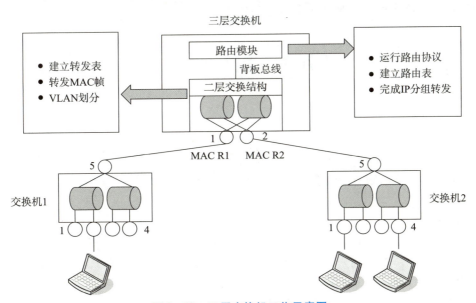

图 9 – 10　三层交换机工作示意图

(4) 二层交换、三层交换、四层交换与路由技术的区别。

二层交换机用于小型的局域网。在小型局域网中，广播包影响不大，二层交换机的快速交换功能、多个接入端口和低廉价格为小型网络用户提供了很完善的解决方案。

路由器的优点是接口类型丰富，支持的三层功能强大，适合用于大型的、网络间的路由。三层交换机的优势在于选择最佳路由、负荷分担、链路备份及和其他网络间路由信息的交换等路由器所具有的功能。

三层交换机的最重要的功能是加快大型局域网络内部的数据的快速转发，加入路由功能也是为这个目的服务的。如果把大型网络按照部门、地域等因素划分为一个个小局域网，这将导致大量的网际互访，单纯地使用二层交换机不能实现网际的互访；如单纯地使用路由器，由于接口数量有限和路由转发速度慢，将限制网络的速度和网络规模，采用具有路由功能的快速转发的三层交换机就成为首选。一般来说，在内网数据流量大，要求快速转发响应的网络中，如全部由三层交换机来做这个工作，会造成三层交换机负担过重，响应速度受影响，将网间的路由交路由器去完成，充分发挥不同设备的优点，不失为一种好的组网策略，当然，前提是客户的经济实力很强，不然就退而求其次，让三层交换机也兼为网际互连。

四层交换机，OSI 模型对应的第四层是传输层。决定传输时不仅仅依据 MAC 地址（第二层网桥）或源 IP 和目标 IP 地址（第三层路由），而且依据 TCP/UDP（第四层）应用端口号。第四层交换功能就像是虚拟 IP，指向物理服务器。它传输的业务服从的协议多种多样，有 HTTP、FTP、NFS、Telnet 或其他协议。这些业务在物理服务器基础上，需要复杂的载量平衡算法。在 IP 网络中，业务类型由终端 TCP 或 UDP 端口地址来决定，在第四层交换中的应用则由源端和终端 IP 地址、TCP 和 UDP 端口共同决定。四层交换机具有包过滤/安全控制、服务质量、服务器负载均衡、主机备用连接和统计等功能，这些功能往往是二、三层交换设备无法完成的。

任务思考：计算机网络为什么采用分层结构？

任务 3　光纤通信技术

任务描述

光纤是当今最重要的有线传输介质，本任务主要介绍光纤通信技术。

任务目标

✓ 知识目标：了解光纤和光缆结构及光传输技术的发展，分析光纤的传输特性，对比 PDH、SDH、MSTP、PTN 和 OTN 等传输技术的特点。

✓ 能力目标：调查并综述无源光网络在接入网中的应用。

✓ 素质目标：具备百折不挠、永不言败的意志品质。

任务实施

9.3.1 光纤通信概述

光纤作为当今最重要的有线传输介质,已经完全替代铜线成为通信网的首选。光纤通信是以光波作为信息载体,以光纤作为传输介质的一种通信方式。光纤通信作为一项广泛应用的通信技术,从一开始就显示出了"无比"的优越性,引起人们极大的兴趣和关注,在短短的40多年中,获得了迅速的发展。

1966年,华裔科学家高锟发表论文提出用石英制作玻璃丝(光纤),并证明了如果其损耗降到20 dB/km以下,即可用于通信。2009年高锟因此获得诺贝尔物理学奖。

1970年后康宁公司研制出损耗低至20 dB/km、长约30 m的石英光纤。1976年贝尔实验室在华盛顿亚特兰大建立了一条实验线路,传输速率仅45 Mb/s,只能传输数百路电话,而用同轴电缆可传输1 800路电话。因为当时尚无用于通信的激光器,而是用发光二极管(LED)作为光纤通信的光源,所以速率低。

1984年,通信用的半导体激光器研制成功,光纤通信的传输速率达到144 Mb/s,可同时传输1 920路电话。

1992年,一根光纤的传输速率达到2.5 Gb/s,可同时传输3万余路电话。

1996年,各种波长的激光器研制成功,可实现多波长多通道的光纤通信,即所谓"波分复用"技术,也就是在一根光纤内,传输多个不同波长的光信号。于是光纤通信的传输容量倍增。

2000年,利用波分复用技术,一根光纤的传输速率达到640 Gb/s。

光纤通信技术的诞生是电信行业一项革命性的进步,它的应用使现在的信息传输质量得到了很大的优化。光纤通信技术具有重量轻、速度快、损耗低、体积小等优势,且能够稳定地应对电磁干扰环境,输送带宽大,在多个领域内都有广泛的运用。

在光纤通信中,作为载波的光波频率比电波频率高得多,而作为传输介质的光纤又比同轴电缆损耗低得多。因此相对于电缆或者微波通信,光纤通信具有如下优点:

(1) 传输频带宽,通信容量大。

在单一波段光纤通信中,光纤通常会受到终端设备的影响,无法将宽频带第一特点充分体现,而通过光纤通信传输技术,这一缺陷可以得到弥补。采用波分复用或光频分复用是增加光纤通信系统传输容量最有效的方法。

(2) 损耗很小,中继距离长。

相较于其他传输介质,实用石英材质的光纤损耗可在0.2 dB/km以下,远小于其他传输介质。因此,其中继距离可以很长,这样可在通信线路中减少中继站的数量,以降低成本并提高通信质量。

(3) 抗电磁干扰能力强。

光纤是由纯度较高的电绝缘玻璃材料(二氧化硅)制成的,是不导电和无电感的,在有强烈电磁干扰的地区和场合中使用,光纤也不会产生感应电压、电流,光纤通信线路不受各种电磁场的干扰和闪电雷击的损坏。

(4) 不产生串话,保密性强。

光在光纤中传播时,几乎不向外辐射。光泄漏非常微弱,即使在弯曲地段也无法被窃听,因此在同一光缆中,数根光纤之间不会相互干扰,即不会产生串话,所以光纤通信和其他通信方式相比有更好的保密性。

(5) 线径细、重量轻。

光纤的直径很小,只有 125 mm 左右,因此制成光缆后,直径要比相同容量的电缆小得多,而且重量也轻。

(6) 资源丰富,节约有色金属和原材料。

电缆是由铜、铝、铅等金属材料制成的,而光纤的原材料是石英,在地球上资源丰富,而且用很少的原材料就可以拉制很长的光纤。

(7) 容易均衡。

在电通信中,信号的各频率成分的幅度变化是不相等的。频率越低,幅度的变化越小;频率越高,其幅度变化则越大。这对信号的接收极为不利,为使各频率成分都受到相同幅度的放大处理,就必须采用幅度均衡。光纤通信系统则不同,在光纤通信的运用频带内,光纤对每一频率的损耗是相等的,一般情况下,不需要在中继站和接收端采取幅度均衡措施。

(8) 抗化学腐蚀、使用寿命长。

石英材料具有一定的抗化学腐蚀性,比由铜或铝组成的电缆抗腐蚀和氧化能力强,绝缘性能好,适用于强电系统,使用寿命长,一般认为光缆的寿命为 20~30 年。

(9) 光纤接头不放电、不产生电火花。

进水和受潮对金属导线意味着接地和短路。光纤由玻璃制成,不产生放电,也不存在发生火花的危险,所以安全性好。它适用于矿井下、军火仓库、石油化工等易燃易爆的环境,是比较理想的防爆型传输线路。

光纤通信存在一些缺点,如:需要光/电和电/光变换部分;光直接放大难;电力传输困难;光纤质地脆、机械强度低,弯曲半径不宜太小;对切断、连接技术要求比较高;分路、耦合比较麻烦等。

9.3.2 光纤通信传输介质

光纤是光导纤维的简写,是一种由玻璃或塑料制成的纤维,可作为光传导工具。光导纤维由两层折射率不同的玻璃组成,如图 9-11 所示。内层为光内芯,直径在几微米至几十微米,外层为包层,直径为 0.1~0.2 mm。一般内芯玻璃的折射率比外层玻璃大 1%。根据光的折射和全反射原理,当光线射到内芯和外层界面的角度大于产生全反射的临界角时,光线透不过界面,全部反射,如图 9-12 所示。

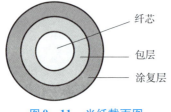

图 9-11 光纤截面图

图 9-12 光纤全反射原理

损耗（dB/km）：光波在光纤中传输，随着传输距离的增加，光功率强度逐渐减弱，光纤对光波产生衰减作用，称为光纤的损耗。光纤的损耗限制了光信号的传播距离。

光纤的损耗主要有三种。吸收损耗：制造光纤的材料本身造成的损耗，包括紫外吸收、红外吸收和杂质吸收。散射损耗：由于材料的不均匀使光信号向四面八方散射而引起的损耗，称为瑞利散射损耗。弯曲损耗（辐射损耗）：由光纤的弯曲引起。决定光纤衰减常数的损耗主要是吸收损耗和散射损耗，弯曲损耗对光纤衰减常数的影响不大。

光纤的色散主要有材料色散、波导色散、偏振模色散和模间色散4种。其中，模间色散是多模光纤所特有的，是指多模传输时，光纤各模式在同一波长下，因传输常数的切线分量不同、群速不同所引起的色散。材料色散是指光纤材料的折射率随频率（波长）而变，而使信号的各频率（波长）群速度不同引起的色散。波导色散是指由于光纤传输的是有一定宽度的频带，而不同频率下传输常数的切线分量不同、群速不同所引起的色散。偏振模色散是指由于实际的光纤中，基模含有两个相互垂直的偏振模，沿光纤传播过程中，由于光纤难免会受到外部的作用，如温度和压力等因素的变化或扰动，两模式发生耦合，并且它们的传播速度也不尽相同，从而导致光脉冲展宽，引起信号失真。

色散限制了光纤的带宽-距离乘积值。色散越大，光纤中的带宽-距离乘积越小，在传输距离一定（距离由光纤衰减确定）时，带宽就越小，带宽的大小决定了传输信息容量的大小。

根据不同光纤分类标准所要求的分类方法，同一根光纤将会有不同的名称。按照光纤的材料，可以将光纤分为石英光纤和全塑光纤；按照光纤剖面折射率分布的不同，可以将光纤分为阶跃型光纤和渐变型光纤；按照光纤传输的模式数量，可以将光纤分为多模光纤和单模光纤。

二维码 – 动画 – 光纤和光缆结构

9.3.3 光纤传输系统

计算机技术和光纤通信技术是信息化的两大核心支柱，计算机负责把信息数字化，并输入网络中；而光纤则担负着信息传输的重任。在当代社会中，信息容量日益剧增，为提高信息的传输速度和增大传输容量，光纤通信被广泛用于信息化的发展，成为继微电子技术之后信息领域中的重要技术。

基本的光传输系统由数据源、光发送端、光学信道和光接收机组成，如图9-13所示。其中，数据源包括所有的信号源，它们是语音、图像、数据等业务经过信源编码所得到的信号；光发射机和调制器则负责将信号转变成适合在光纤上传输的光信号；光学信道包括最基本的光纤，还有中继放大器EDFA等；而光学接收机则接收光信号，并从中提取信息，然后转变成电信号，最后得到对应的语音、图像、数据等信息。

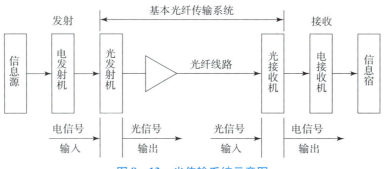

图 9-13 光传输系统示意图

9.3.4 传输网技术的发展

传输网是用作传送通道的网络，一般架构在交换网、数据网和支撑网之间，为各种专业网提供透明传输通道。传输网经历了从模拟到数字、从电缆到光缆，从几十千比特每秒的低速到几万比特每秒的高速，如图 9-14 所示。

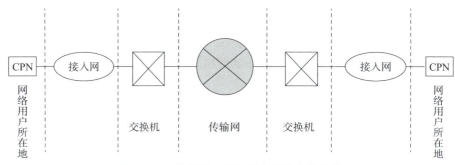

图 9-14 传输网、接入网在电信中的位置

二维码-微课-传输系统发展

1）PDH（SDH）

PDH 是在光纤两端提供时钟和速率的设备之一，是传输网的"先驱"。PDH 即准同步数字系列，说它是"准"同步，是因为 PDH 采用的不是真正的同步方式，PDH 只能用作点对点的情况，PDH 最经典的设备是"小八兆"。在一对光纤两段各放置一台"小八兆"，这对光纤可以承载 4 个 E1/T1，即一次群 8 Mb/s。

随着光通信技术的发展以及数字交换的引入，人们对通信的距离、容量、智能性等方面的需求越来越大，采用 PDH 的传输方式便暴露了很多弊端。在原有的技术体制中花大力气对 PDH 网进行修补是得不偿失的，只有从根本上进行改革才是出路，于是就出现了光传输网技术。美国贝尔公司首先提出了同步光网络（SONET），美国国家标准学会（ANSI）于 20 世纪 80 年代制定了有关 SONET 的国家标准。当时 ITU（国际电信联盟）采纳了 SONET 的概念，进行了一些修改和扩充，将 PDH 重命名为同步数字体系（SDH），并制定了一系列国际标准。它主要有以下特点：

（1）SDH 是世界性的统一标准。

SDH 由 ITU-T 制定，不仅适用于光纤，也适用于微波和卫星传输。其具有统一的接口规程特性，包括速率等级、信号结构、复用和映射等，因此有很好的横向兼容性，能与现有的 PDH 完全兼容。

（2）能从高速 SDH 信号中直接插/分出低速支路信号。

同步复用方式和灵活映射，使低速支路信号在 STM-N 帧中的位可预见。由于大大简化了 DXC（数字交叉连接设备），减少了背靠背的接口复用设备，SDH 改善了网络的业务传送透明性。

（3）强大的 OAM 功能，使网络的监控功能大大加强。

SDH 帧结构中安排了信号的 5% 开销比特，它的网络管理功能显得特别强大，并能统一形成网络管理系统，对网络的自动化、智能化、提高信道的利用率以及降低网络的维护管理费用起到了积极作用。

（4）组网灵活。

由于 SDH 具有多种网络拓扑结构，它所组成的网络非常灵活，能增强网监、运行管理和自动配置功能，优化了网络性能，同时也使网络运行灵活、安全、可靠，使网络的功能非常齐全和多样化。图 9-15 是 SDH 工作方式。

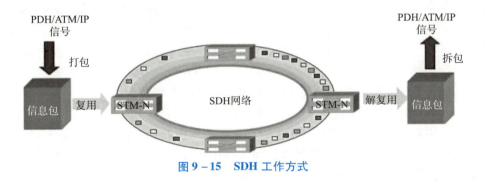

图 9-15 SDH 工作方式

2）MSTP

随着各种数据业务的需求持续增大，以及 TDM、ATM、以太网等多业务混合传送需求的增多，城域网原本的语音业务的定位，无论在容量上还是接口方面都不再能达到传输汇聚的要求。为满足需要，思科公司提出多业务传送平台（multi-service transport platform，MSTP）的概念。MSTP 将传输的 SDH 复用器、光波分复用系统终端、数字交叉连接器、网络二层交换机以及 IP 边缘路由器等各种独立的设备合成一个网络设备，进行统一的控制和管理，所以它也称为基于 SDH 技术的多业务传送平台。

MSTP 充分利用了 SDH 技术的优点——给传送的信息提供保护恢复的能力以及较小的延时性能，同时对网络业务支撑层加以改造，利用 2.5 层交换技术实现了对二层技术（如

ATM、帧中继）和三层技术（如 IP 路由）的数据智能支持能力。这样处理的优势是 MSTP 技术既能满足某些实时交换服务的高 QoS 的要求，也能实现以太网尽力而为的交互方式。MSTP 最适合工作于网络的边缘，如城域网和接入网，用于处理以 TDM 业务为主的混合业务。图 9 – 16 所示是 PDH、SDH 与 MSTP 的关系。

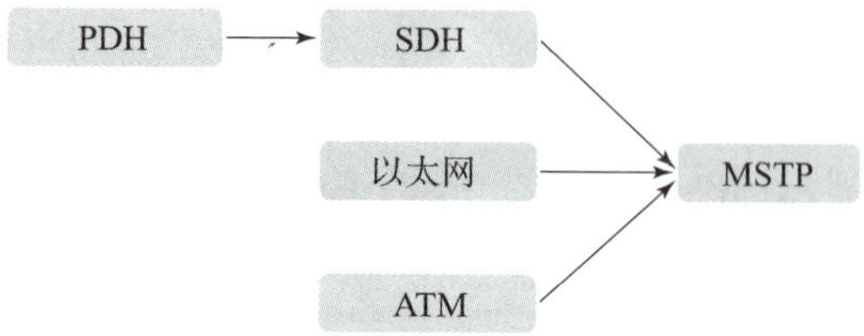

图 9 – 16　PDH、SDH 与 MSTP 的关系

3）PTN（分组传送网）

在城域网范围内，MSTP 用以解决 TDM 和以太网的传送问题，但是有一个场景，使 MSTP 逐渐显露疲态，那就是基站数据的回传业务，随着 4G、5G 网络的普及，大部分交互信息都是数据业务，语音等 TDM 业务虽然重要，但所占带宽比例越来越低，数据业务，尤其是 IP 业务所需带宽量大，实时性、突发性强，要适应这个场景，就需要用到分组传送技术，于是就产生了分组传送网（PTN）。

PTN 是一种以分组作为传送单位，以承载电信级以太网业务为主，兼容 TDM、ATM 和 FC 等业务的综合传送技术。PTN 技术基于分组的架构，继承了 MSTP 的理念，融合了以太网和 MPLS（多协议标签交换）的优点，成为下一代分组承载的技术选择。PTN 网络具有以下技术特点：

PTN 采用 MPLS 技术的传输版本——MPLS – TP，利用二层 MPLS 的隧道（后期也逐渐加入三层处理功能），实现数据业务的稳定传送，提供端到端的 QoS，通过 MPLS 的流量工程实现对业务路由和带宽的控制，以避免负载不均衡造成的拥塞问题，当突发业务或网络保护引起网络拥塞时，再通过 MPLS 支持的 DiffServ 机制实现对业务承诺带宽的保障。另外，PTN 还可以实现对 E1 类 TDM 链路的仿真，也可以支持如交互式视频类型的恒定速率的以太网业务。

MPLS – TP 是为传送网量身定制的标准，是需要面向连接的，所以 PTN 没有无连接的 IP 逐条转发机制。MPLS – TP 按照 MSTP 标准制定了一整套端到端的 OAM 功能。可以这么说，除了传送通道由刚性变为弹性之外，PTN 和 MSTP 的其他地方非常相似。然而，就是这个"弹性"，让 PTN 的适用范围与 MSTP 完全不同。MSTP 的技术核心依然是 SDH，成熟稳定，对于大颗粒、固定速率、刚性带宽需求量，在城域范围内的企业应用是不错的选择。PTN 的特点更适合城域范围内的 4G/5G 基站数据回传。中国移动主要采用这种技术体制实现移动网络数据回传。图 9 – 17 是无线接入网中的 PTN。

4）WDM/OTN（波分复用/光传送网）

（1）WDM 技术。

WDM 技术是将多路不同波长的光载波信号经复用器合成一路在光纤上传输的技术。采用这种技术可以同时在一根光纤中同时传输多路信号，每一路信号都由某种特定波长的光来传送。

WDM 技术可以让光纤通信系统的数据传输速率和容量获得几十倍甚至上百倍的增加，所以逐渐成为应用广泛的光纤通信技术类型。WDM 技术的主要特点有：

①节约光纤资源。WDM 技术能在一根物理光纤上提供多个虚拟的光纤通道。

②升级扩容方便。只要增加复用光通路数量与相关设备，就可以增加系统的传输

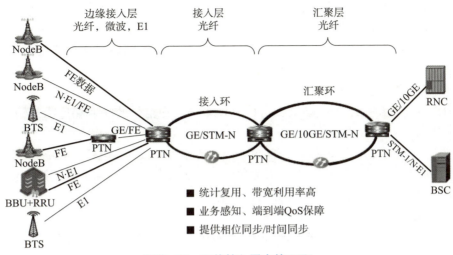

图 9–17　无线接入网中的 PTN

容量。

③实现超长距离传输。EDFA（掺铒光纤放大器）可对 WDM 系统的各复用光通路的信号同时进行放大，以实现系统的超长距离传输。

在 WDM 技术发展的早期，相邻波道的间隔一般较大，通常大于 20 nm，波长数不超过 16 个，我们将这样的 WDM 技术称为稀疏波分复用（CWDM），与之相对，如果信道间隔缩小到 1.6 nm、0.8 nm 或更小，系统的波长数在 32 个以上，则称为密集波分复用（DWDM）。当前使用的 WDM 技术，一般指的是 DWDM 技术。图 9–18 是传输技术的融合趋势。

二维码 – 微课 – DWDM 技术

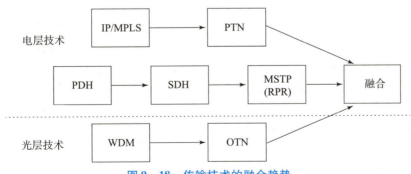

图 9–18　传输技术的融合趋势

（2）OTN 技术。

OTN 是以 WDM 技术为基础，在光层实现业务信号的传送、复用、路由选择、监控，并且保证其性能指标和生存性的传送网络。OTN 解决了传统 WDM 网络无波长/子波长业务调度能力差、组网能力弱、保护能力弱等问题。OTN 跨越了传统的电域和光域，是管理电域和光域的统一标准。OTN 处理的基本对象是波长级的业务，它将传送网推进到真正的多波长光网络阶段。它的技术特性如下：

①多种客户信号封装和透明传输。

基于 ITU – TG. 709 的 OTN 帧结构可以支持多种客户信号的映射和透明传输，如 SDH、ATM、以太网等。

②大颗粒的带宽复用、交叉和配置。

相对于 SDH 的 VC – 12/VC – 4 的调度颗粒，OTN 复用、交叉和配置的颗粒明显要大很多，能够显著提升高带宽数据客户业务的适配能力和传送效率。

③强大的开销和维护管理能力。

OTN 提供了和 SDH 类似的开销管理能力，OTN 光通道层的 OTN 帧结构大大增强了该层的数字监控能力。另外，OTN 还提供 6 层嵌套串联连接监视功能，这样使得 OTN 组网时，采取端到端和多个分段同时进行性能监视的方式成为可能，为跨运营商传输提供了合适的管理手段。

OTN 和 PTN 是完全不同的两种技术，从技术上来说应该没有联系。OTN 是光传送网，从传统的波分技术演进而来，主要加入了智能光交换功能，可以通过数据配置实现光交叉而不用人为跳纤。PTN 是分组传送网，是传送网与数据网融合的产物。

基于 OTN 的传送网主要由省际传送网、省内干线传送网、城域（本地）传送网构成，而城域传送网可进一步分为核心网、汇聚层和接入层。相对 SDH 而言，OTN 技术的最大优势就是提供大颗粒的调度与传送，因此在不同的网络层面是否采用 OTN 技术，取决于主要调度业务带宽颗粒的大小。按照网络现状，省际干线传送网、省内干线传送网及城域传送网的核心层调度的主要颗粒一般在 Gb/s 级以上，因此，这些层面均可优先采用优势和扩展性更好的 OTN 技术来构建。对于城域传送网的汇聚与接入层面，当主要调度颗粒达到 Gb/s 时，也可优先采用 OTN 技术来构建。

9.3.5　光纤接入网

光纤接入网（optical access network，OAN）中应用的光纤接入技术是目前电信网中发展最快的接入网技术。光纤接入网具有更高速度的宽带业务，可以有效解决接入网的"瓶颈效应"。它具有传输距离长、质量高、可靠性好、易于扩容和维护的优点。

光纤接入技术是指局端与用户之间完全以光纤作为传输媒体的接入技术。

1）无源光网络

光纤接入网可以分为有源光网络（active optical network，AON）和无源光网络（passive optical network，PON）两种。

PON 的概念最早是英国电信公司的研究人员于 1987 年提出的，是一种应用光纤的接入网，因为它从光线路终端（OLT）一直到光网络单元（ONU）之间没有任何用电源的电子设备，所用的器件包括光纤、光分路器（passive optical splitter，POS）等，都是无源器件，所以被称为"无源光网络"。无源光网络的组网图如图 9 – 19 所示。

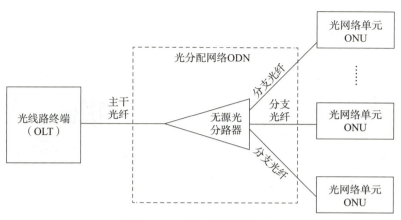

图 9-19 无源光网络的组网

PON 由三个部分构成：光线路终端（optical line terminal，OLT）、光网络单元（optical network unit，ONU）及光分配网络（optical distribution network，ODN）。

OLT 是光纤接入网中的局端设备，它通过各种接口与业务网络（电信网、互联网、广电网）相连。OLT 在下行将电信号转变成光信号，通过光纤（或分光器等器件）把光信号传递到用户端；在上行完成光电转换，通过光纤接收 ONU 的数据，送入相应的业务网络。OLT 同时负责对用户端设备 ONU 进行控制和管理。ONU 是光纤接入网中的用户侧设备，实现收发双向的光电或电光转换，它可以选择接收 OLT 发送的数据，传送给终端用户设备，同时按照 OLT 分配的时隙发送用户业务数据。

ODN 就是由两个有源设备 OLT 和 ONU 之间所有光纤、无源分配器、光配线设备组成的一个网络，整个网络中没有任何有源器件。

无源光接入网的优势具体体现在以下几方面：

（1）无源光网体积小，设备简单，安装维护费用低，投资相对也较小。

（2）无源光设备组网灵活，拓扑结构可支持树型、星型、总线型、混合型、冗余型等网络拓扑结构。

（3）安装方便，它有室内型和室外型。室外型可直接挂在墙上，或放置于"H"杆上，不需要租用或建造机房。而有源系统需进行光电、电光转换，设备制造费用高，要使用专门的场地和机房，远端供电问题不好解决，日常维护工作量大。

（4）无源光网络适用于点对多点通信，仅利用无源分光器实现光功率的分配。

（5）无源光网络是纯介质网络，彻底避免了电磁干扰和雷电影响，极适合在自然条件恶劣的地区使用。

（6）从技术发展角度看，无源光网络扩容比较简单，不涉及设备改造，只需设备软件升级，硬件设备一次购买，长期使用，为光纤入户奠定了基础，使用户投资得到保证。

2）无源光网络的应用

目前 PON 是解决接入网"最后一公里"、实现 FTTx 的最具吸引力的技术。根据光纤深入用户的程度，光纤接入技术可以分为光纤到家庭（FTTH）、光纤到楼宇（FTTB）、光纤到路边（FTTC）、光纤到节点（FTTN）、光纤到办公室（FTTO）等。图 9-20 是 FTTx 的典型组网模式。

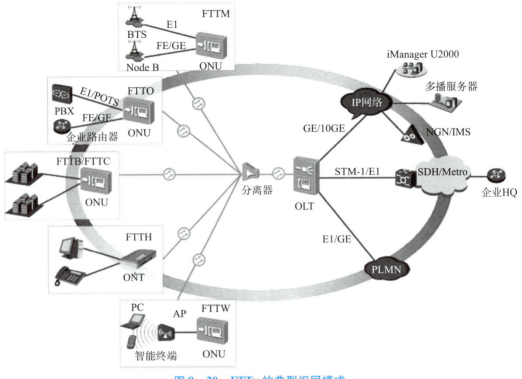

图 9-20　FTTx 的典型组网模式

任务 4　移动通信技术

任务描述

本任务主要介绍移动通信的基本概念及系统特征、移动通信在铁路中的作用及发展，对铁路移动通信系统 GSM-R 做简单介绍。

任务目标

- 知识目标：了解移动通信的发展，讲述移动通信的特点及 5G 关键技术。
- 能力目标：调查并综述 GSM-R 在铁路运输中的应用。
- 素质目标：具备与时俱进的精神。

任务实施

无线通信是利用电磁波信号可以在自由空间中传播的特性进行信息交换的一种通信方

式,近些年在信息通信领域中发展最快、应用最广的就是无线通信技术。在移动中实现的无线通信又通称为移动通信,人们把二者合称为无线移动通信。无线移动通信的主要目的是实现任何时间、任何地点和任何通信对象之间的通信。

移动通信以其显著的移动性特点获得广泛应用。在公共服务领域,依托无线移动通信技术的发展,移动网络用户数量快速增长,移动通信为用户提供了及时有效、种类丰富及高质量的通信服务。在铁路行业,移动通信的代表为 GSM-R 铁路专用移动通信系统。GSM-R 技术是基于成熟、通用的公共无线移动通信系统 GSM 平台,专门为满足铁路应用而开发的数字式无线移动通信技术,以 GSM-R 为代表的铁路专用移动通信系统为铁路运输提供了安全保障和优质服务。

9.4.1 移动通信系统概述

移动通信技术可以说从无线电通信发明之日就产生了。现代移动通信技术的发展始于 20 世纪 20 年代,归纳起来大致经历了五个发展阶段。

二维码 – 微课 – 移动通信发展史

1) 第一代移动通信系统

第一代移动通信系统(1G)是指采用蜂窝技术组网、仅支持模拟语音通信的移动电话标准,其制定于 20 世纪 80 年代,主要采用的是模拟技术和频分多址(frequency division multiple access,FDMA)技术。以美国的高级移动电话系统(advanced mobile phone system,AMPS)、英国的全接入移动通信系统(total access communications System,TACS)及日本移动通信制式为代表。各标准彼此不能兼容,无法互通,不能支持移动通信的长途漫游,只是一种区域性的移动通信系统。

第一代移动通信系统的主要特点是:
(1) 模拟语音直接调频;
(2) 多信道共用 FDMA 接入方式;
(3) 采用频率复用的蜂窝小区组网方式和越区切换方式;
(4) 无线信道的随机变参特征使信号受多径衰落和阴影衰落的影响;
(5) 环境噪声与多类电磁干扰;
(6) 无法与固定电信网络迅速向数字化推进相适应。

2) 第二代移动通信系统

模拟移动通信系统由于本身的缺陷,如频谱效率低、网络容量有限、业务种类单一、保密性差等,无法满足人们的使用需求。20 世纪 90 年代初期开发了基于数字技术的移动通信系统——数字蜂窝移动通信系统,即第二代移动通信系统(2G)。第二代移动通信系统主要采用时分多址(time division multiple access,TDMA)技术或者是窄带码分多址(code division multiple access，CDMA）技术。最具代表性的全球移动通信系统为 GSM（global system of mobile communication）和 CDMA 系统，这两大系统目前在世界移动通信市场占据主要份额。

第二代移动通信系统主要特点：

（1）有效利用频谱。数字方式比模拟方式能更有效地利用有限的频谱资源，随着更好的语音信号压缩算法的推出，每个信道所需的传输带宽越来越窄。

（2）高保密性。模拟系统使用调频技术，很难进行加密；而数字调制是在信息本身编码后再进行调制，故容易引入数字加密技术。

（3）可灵活地进行信息变换及存储。

3）第三代移动通信系统

第三代移动通信系统（3G）是在第二代移动通信技术基础上进一步演进的，以宽带 CDMA 技术为主，并能同时提供语音和数据业务。

3G 与 2G 的主要区别是在传输语音和数据速率上的提升，它能够在全球范围内更好地实现无线漫游，处理图像、音乐、视频流等多种媒体形式，提供包括网页浏览、电话会议、电子商务等多种信息服务，同时也考虑了与已有第二代系统的良好兼容性。中国持国际电信联盟确定的三个无线接口标准，分别是中国电信运营的 CDMA、中国联通运营的 WCDMA 和中国移动运营的 TD-SCDMA。表 9-6 表示三种移动通信标准的对比。

表 9-6 三种移动通信标准的对比

制式	WCDMA	CDMA2000	TD-SCDMA
继承基础	GSM	窄带 CDMA	GSM
同步方式	异步	同步	同步
码片速率	3.84 Mc/s	1.228 8 Mc/s	1.28 Mc/s
系统带宽	5 MHz	1.25 MHz	1.6 MHz
核心网	GSM MAP	ANSI-41	GSM MAP
语音编码方式	AMR	QCELP、EVRC、VMR-WB	AMR

表 9-6 中，码片速率是指用户数据符号经过扩频之后的速率。经过信源编码的含有信息的数据称为"比特"；经过信道编码、交织后的数据称为"符号"；最终经过扩频的数据称为"码片"。

4）第四代移动通信系统

第四代移动通信系统（4G）是第四代移动通信及其技术的简称，是集 3G 与 WLAN 于一体并能够传输高质量视频图像且图像传输质量与高清晰度电视不相上下的技术产品。4G 系统能够以 100 Mbit/s 的速度进行下载，比拨号上网快 2 000 倍，上传的速度也能达到 20 Mbit/s，并能够满足几乎所有用户对于无线服务的要求。而在用户最为关注的价格方面，4G 与固定宽带网络在价格方面不相上下，而且计费方式更加灵活机动，用户完全可以根据自身的需求确定所需的服务。此外，4G 可以在 DSL 和有线电视调制解调器没有覆盖的地方部署，然后再扩展到整个地区。很明显，4G 有着不可比拟的优越性。

目前，商用无线通信技术发展和演进过程如图 9-21 所示。

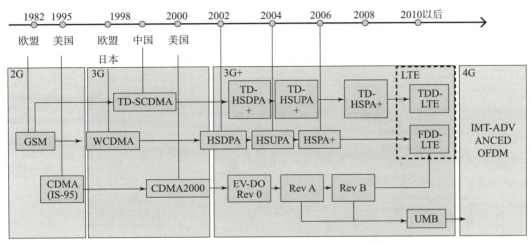

图 9-21　商用无线通信技术发展和演进过程

5）第五代移动通信系统

（1）5G 的三大应用场景。

5G，是指第五代移动通信系统，是具有高速率、低时延和广连接特点的新一代宽带移动通信技术，5G 通信设施是实现人、机、物互联的网络基础设施。随着各种智能移动终端的普及，移动用户和移动数据流量呈现爆炸式增长，4G 已经无法满足未来发展的需求。5G 定义了三大类应用场景，即增强移动宽带（eMBB）、超低时延高可靠通信（uRLLC）和海量机器通信（mMTC）。增强移动宽带（eMBB）主要面向移动互联网流量爆炸式增长，为移动互联网用户提供更加极致的应用体验，5G 的峰值速率为 10~20 Gb/s；超低时延高可靠通信（uRLLC）主要面向工业控制、智能制造、远程医疗、自动驾驶等对时延和可靠性要求极高的垂直行业应用需求，空中接口时延低至 1 ms；海量机器通信（mMTC）主要面向智慧城市、智能家居、环境监测等以传感和数据采集为目标的应用需求。2018 年 6 月 13 日，3GPP 5G NR 标准 SA（standalone，独立组网）方案在 3GPP 第 80 次 TSG RAN 全会正式完成并发布，这标志着首个真正完整意义的国际 5G 标准正式出炉。2019 年 4 月 3 日，韩国电信公司（KT）、SK 电讯株式会社以及 LG U+ 三大韩国电信运营商正式向普通民众开启 5G 入网服务。2019 年 6 月 6 日，工信部正式向中国电信、中国移动、中国联通、中国广电发放 5G 商用牌照，中国正式进入 5G 商用元年。截至 2022 年年底，中国已建成 230 万个 5G 基站，5G 用户数达到 9.7 亿户，移动网络已迈入 5G 引领时代。图 9-22 是 5G 三大应用场景。

（2）5G 的关键技术。

5G 作为新一代的移动通信技术，它的网络结构、网络能力和要求都与过去有很大不同，有大量技术被融合在其中。其核心技术简述如下：

①基于 OFDM 优化的波形和多址接入。因为 OFDM 技术被当今的 4G LTE 和 Wi-Fi 系统广泛采用，因其可扩展至大带宽应用，而具有较高的频谱效率和较低的数据复杂性，能够很好地满足 5G 系统的要求。OFDM 技术家族可实现多种增强功能，例如通过加窗或滤波增强频率本土化，在不同用户和服务间提高多路传输效率，以及创建单载波 OFDM 波形，实现高能效上行链路等。

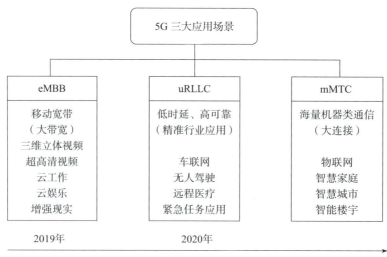

图 9-22 5G 三大应用场景

②实现可扩展的 OFDM 间隔参数配置。通过 OFDM 子载波之间的 15 kHz 间隔（固定的 OFDM 参数配置），LTE 最高可支持 20 MHz 的载波带宽。为了支持更丰富的频谱类型（为了连接尽可能丰富的设备，5G 将利用所有能利用的频谱，如毫米微波、非授权频段）和部署方式。

③OFDM 加窗提高多路传输效率。5G 将被应用于大规模物联网，这意味着会有数十亿设备在相互连接，5G 势必要提高多路传输的效率，以应对大规模物联网的挑战。为了相邻频带不相互干扰，频带内和频带外信号辐射必须尽可能小。OFDM 能实现波形后处理，如时域加窗或频域滤波，来提升频率局域化。

④先进的新型无线技术。5G 演进的同时，LTE 本身也还在不断进化，5G 也利用到了 4G LTE 的先进技术，如载波聚合、MIMO、非共享频谱等。大规模 MIMO，5G NR 可以在基站端使用 256 根天线，通过天线的二维排布，可以实现 3D 波束成型，从而提高信道容量和覆盖。

⑤先进的信道编码设计。LDPC 的传输效率远超 LTE Turbo，且具有易平行化的解码设计。

⑥超密集异构网络。5G 是一个超复杂的网络，在 2G 时代，几万个基站就可以做全国的网络覆盖，但是到了 4G 阶段，我国的网络基站超过 500 万个。而 5G 需要做到支持每平方千米 100 万台设备，这个网络必须非常密集，需要大量的小基站进行支撑。

⑦网络切片。网络切片就是把运营商的物理网络切分成多个虚拟网络，每个网络适应不同的服务需求，这可以通过时延、带宽、安全性、可靠性来划分不同的网络，以适应不同的场景。在切片的网络中，不是如 4G 一样，都使用一样的网络、一样的服务，服务质量不可控；而是可以向用户提供不一样的网络、不同的管理、不同的服务、不同的计费，让用户更好地使用 5G 网络。

⑧内容分发网络。在 5G 中，会存在大量复杂业务，尤其是一些音频、视频业务大量出现，某些业务会出现瞬时爆炸性的增长，这会影响用户的体验与感受。内容分发网络（content delivery network，CDN）是在传统网络中添加新的层次，即智能虚拟网络。

⑨设备到设备通信。这是一种基于蜂窝系统的近距离数据直接传输技术,设备到设备(DTD)会话直接在终端之间进行传输,不需要通过基站转发,而相关的控制信令仍由蜂窝网络负责,引入 DTD,可以减轻基站负担,降低端到端的传输时延,提升频谱效率,降低终端发射功率。

⑩边缘计算。5G 要实现低时延,如果数据都是要到云端和服务器中进行计算和存储,再把指令发给终端,就无法实现低时延。边缘计算是要在基站上即建立计算和存储能力,在最短时间完成计算,发出指令。

9.4.2 移动通信系统的特点及分类

1)移动通信的特点

由于移动通信系统允许在移动状态(甚至很快速度、很大范围)下通信,所以,系统与用户之间的信号传输一定得采用无线方式,且系统相当复杂。移动通信的主要特点如下:

(1)信道特性差。

由于采用无线传输方式,电波会随着传输距离的增加而衰减,不同的地形、地物对信号也会有不同的影响;信号可能经过多点反射,会从多条路径到达接收点,产生多径效应(电平衰落和时延扩展);当用户的通信终端快速移动时,会产生多普勒效应(附加调频),影响信号的接收。并且,由于用户的通信终端是可移动的,所以,这些衰减和影响还是不断变化的。

(2)干扰复杂。

移动通信系统运行在复杂的干扰环境中,如外部噪声干扰(天线干扰、工业干扰、信道噪声)、系统内干扰和系统间干扰(邻道干扰、互调干扰、交调干扰、共道干扰、多址干扰和远近效应等)。如何减少这些干扰的影响,也是移动通信系统要解决的重要问题。

(3)频谱资源有限。

考虑到无线覆盖、系统容量和用户设备的实现等问题,移动通信系统基本上选择在特高频 UHF(分米波段)上实现无线传输,而这个频段还有其他的系统(如雷达、电视、其他的无线接入),移动通信可以利用的频谱资源非常有限。随着移动通信的发展,通信容量不断提高,因此,必须研究和开发各种新技术,采取各种新措施,提高频谱的利用率,合理地分配和管理频率资源。

(4)用户终端设备(移动台)要求高。

用户终端设备除技术含量很高以外,对于手持机(手机)还要求体积小、重量轻、防震动、省电、操作简单、携带方便;对于车载台,还应保证在高低温变化等恶劣环境下也能正常工作。

(5)要求有效的管理和控制。

由于系统中用户终端可移动,为了确保与指定的用户进行通信,移动通信系统必须具备很强的管理和控制功能,如用户的位置登记和定位、呼叫链路的建立和拆除、信道的分配和管理、越区切换和漫游的控制、鉴权和保密措施、计费管理等。

2)移动通信的分类

移动通信主要有以下分类:

(1) 按使用对象可分为民用设备和军用设备；
(2) 按使用环境可分为陆地通信、海上通信和空中通信；
(3) 按多址方式可分为频分多址（FDMA）、时分多址（TDMA）和码分多址（CDMA）；
(4) 按覆盖范围可分为广域网和局域网；
(5) 按业务类型可分为电话网、数据网和综合业务网；
(6) 按工作方式可分为同频单工、异频单工、异频双工和半双工；
(7) 按服务范围可分为专用网和公用网；
(8) 按信号形式可分为模拟网和数字网。

9.4.3 移动通信在铁路中的应用

随着现代铁路运输的不断发展，对移动通信系统提出了越来越高的要求。移动通信系统对铁路，尤其是高速铁路至关重要。目前，全球铁路移动通信系统支持列车调度指挥、CTCS-3级列车运行控制信息、列车调度指令、无线电列车号码查询信息，以及信令设备动态监测信息等应用服务。由于第四代移动通信技术的发展，在GSM-R通信系统基础上，高速铁路宽带移动通信系统（LTE-R）还可以为高速列车运行提供高速的信息传输通道、列车安全视频监控、列车状态监控和远程故障诊断、基础设施无线监控、应急业务处理和乘客信息服务等。

1) 调度指挥与安全生产

铁路移动通信系统作为列车调度无线电通信系统的更新和更换，旨在支持各种移动语音通信，如区段业务移动、紧急救援、调车编组操作、车站无线通信等。同时，对移动和固定无线数据传输的要求，例如无线电列车号码传输、列车后端气压、机车状态信息、列车车轴温度检测、桥梁和隧道监控、铁路电源状态交叉保护与监测等，都需要在铁路无线通信中得到解决。安全信息分配和预警系统以移动列车为主体，确保在平交道口或车站铁路沿线施工、轨道维护中设备及人员的安全，从而减少事故。

2) 列车运行控制安全防护

铁路移动通信在CTCS-3级列车运行控制系统中提供列车到基础设施的安全数据传输，为列车控制系统提供实时透明的双工传输通道，确保列车高速安全运行。同时，铁路移动通信系统还能够进行机车同步运行控制的安全数据传输，保证重载铁路多机车同步运行，提高运营效率。

3) 铁路信息化

乘客被视为移动信息服务系统的主体，需要车载票务服务、移动电子商务和客运移动增值服务等。机车、车辆、集装箱等铁路网络中的移动体需要实时动态跟踪信息传输，为实时在线信息查询和各种管理信息系统提供移动传输通道。显然，铁路信息化是必然选择。图9-23为铁路信息化体系结构图，各系统在信息化体系中处于不同的层次并相互作用、相互支撑，构成了紧密相连的有机整体。

4) 铁路移动互联网

铁路移动互联网被视为"互联网+铁路"战略的组成部分，其发展将有助于加速互联网和铁路领域的深度融合，促进技术进步和效率提升，组织铁路运输改革，推动铁路部门的

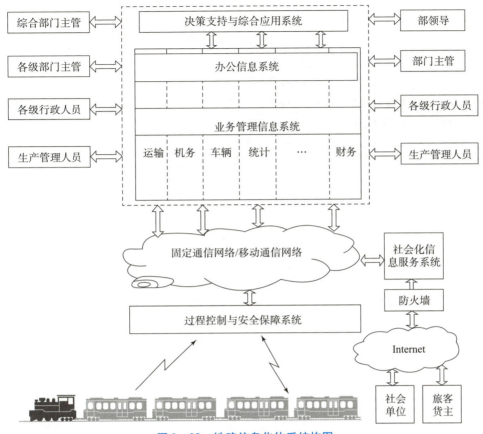

图 9-23 铁路信息化体系结构图

创新与生产，提高资源利用效率和精细化管理水平。在复杂多变的铁路环境中，为了实现大规模高速运行下的一些高级功能，如列车运行状态查询、铁路要素在线水平的提高和列车安全运行控制，具有大带宽特点的下一代铁路移动通信系统，高实时性、高可靠性是不可或缺的基础。

5）GSM-R 系统简介

铁路专用移动通信系统（GSM-R）是基于成熟、通用的公共移动无线通信系统 GSM 平台，专门为满足铁路应用而开发的数字式移动无线通信技术。目的是建立一个全面的语音和数据移动通信平台，并构建一个调度通信、列车控制、公共移动和信息传输的综合通信系统。该系统与铁路调度通信、列车控制、运营管理密切相关。充分利用移动通信技术，结合铁路运输的实际需要，形成覆盖全系统的铁路移动通信网络，为铁路运输提供一个移动的综合通信平台。

GSM-R 是专门为铁路通信设计的综合专用数字移动通信系统，它基于 GSM 的基础设施及其提供的语音调度业务（ASCI），其中包含增强的多优先级预占和强拆（eMLPP）、语音组呼（VGCS）和语音广播（VBS），并提供铁路特有的调度业务，包括功能寻址、功能号表示、接入矩阵和基于位置的寻址，并以此作为信息化平台，使铁路部门用户可以在此信息平台上开发各种铁路应用。图 9-24 为 GSM-R 系统的业务模型层次结构图，可以概括地说：
$$GSM-R 业务 = GSM 业务 + 集群 + 铁路特色功能$$
简单归纳几点，GSM-R 与 GSM 的关系主要体现在以下几个方面：
（1）GSM-R 理论建立在 GSM 理论基础之上；
（2）GSM-R 技术建立在 GSM 技术基础之上；
（3）GSM-R 工业以 GSM 工业为基础；
（4）GSM-R 工程建设以 GSM 工程经验为基础；
（5）GSM-R 应用开发吸收 GSM 成功经验；
（6）GSM-R 的市场是铁路专用，GSM 的市场是公众商用。

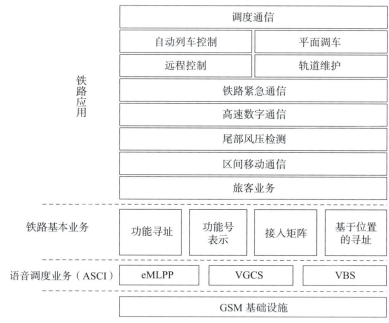

图 9-24 GSM-R 系统的业务模型层次结构图

任务 5　城市轨道交通通信系统简介

任务描述

本任务主要介绍城市轨道交通通信系统的组成及各子系统的应用。

任务目标

✓ 知识目标：了解城市轨道交通通信系统的组成。

- ✓ 能力目标：调查并综述城市轨道交通通信各子系统的功能和应用。
- ✓ 素质目标：具备工程实践创新的综合能力。

任务实施

城市轨道交通通信系统是轨道交通运营指挥、企业管理、公共安全治理、服务乘客的网络平台，它是轨道交通正常运转的神经系统，为列车运行的快捷、安全、准点提供了基本保障。城市轨道交通通信系统在正常情况下应保证列车安全高效运营、为乘客出行提供高质量的服务保证；在异常情况下能迅速转变为供防灾救援和事故处理的指挥通信系统。

9.5.1 城轨交通通信系统的组成

城市轨道交通通信系统由专用通信系统、民用通信系统、公安通信系统三部分组成。如图 9-25 所示。

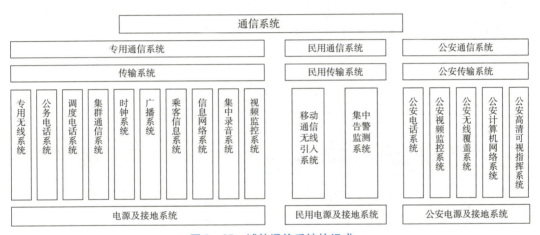

图 9-25 城轨通信系统的组成

（1）专用通信系统，包括传输系统、专用无线系统、公务电话系统、调度电话系统、集群通信系统、时钟系统、广播系统、乘客信息系统、信息网络系统、集中录音系统和视频监控系统、电源及接地系统等子系统。系统的服务范围涵盖了控制中心、车站、车辆段、停车场、地面线路、高架线路、地下隧道与列车。

（2）民用通信系统，包括传输系统、移动通信无线引入系统、集中告警监测系统、电源及接地系统等子系统。

（3）公安通信系统，包括传输系统、公安无线覆盖系统、公安计算机网络系统、公安视频监控系统、公安电话系统、公安高清可视指挥系统、电源及接地系统等子系统。

三套通信系统构成传送语音、文字、数据和图像等各种信息的综合业务通信网。通信网应满足运营、管理的要求。城市轨道交通通信系统是指挥列车运行、公务联络和传递各种信息的重要手段，是保证列车安全、快速、高效运行不可缺少的综合通信系统。

接下来重点讲述城轨专用通信系统。

9.5.2 城轨专用通信系统的功能和作用

1）行车调度指挥

通信系统所提供的专用电话功能为运营控制中心各类调度提供与各车站各类专业人员传递调度生产命令提供有线语音通信手段，且这种语音通信是无阻塞的，以确保畅通。无线列调（列车无线调度通信）功能为运营控制中心行车调度与列车驾驶员间联络的无线通信手段，这是行车指挥调度的主要功能，作用日益凸显。

2）运营服务管理、内外联络

通信系统中的公务电话系统提供轨道交通内外部公务业务联系的服务，广播系统、乘客导乘系统为乘客提供运营服务信息，视频监控系统为运营管理者提供重要的管理辅助手段，同时也是轨道交通安全防范系统的主要组成部分，为轨道交通安全运营提供技术手段。

3）应急通信

在发生灾害、事故或恐怖活动的情况下，城轨应急通信系统是进行应急处理、抢险救灾和反恐的主要手段，能够集中通信资源，保证有足够的容量以满足应急处理、抢险救灾的特殊通信需求。

4）信息传送

通信系统中的传输系统是线路站间的长距离传送平台，为各类轨道交通内专业系统提供传输通道，如信号、电力监控、自动售检票和其他各类通信系统。

9.5.3 城轨交通专用通信系统的组成

城市轨道专用通信系统通常由以下各专业子系统组成，但随着轨道交通和通信技术的不断发展，一些子系统会发生变化，又会有新的子系统的增加。

1）传输系统

传输系统是轨道通信通信系统中的重要子系统，是轨道交通内各类专业系统传送各类信息的承载平台。通常轨道交通传输系统是以光纤为主的传输网络，在技术制式上一般采用前面介绍的光同步数字技术（SDH）、MSTP、PTN、OTN 技术等。

2）公务电话系统

公务电话系统用于轨道通信内部各部门间公务通信及业务联络。传统的企业电话网采用电路交换（TDM）技术组网，随着互联网与 VoIP 技术的发展，开始采用软交换技术组建电话网。

3）调度电话系统

调度电话系统的作用是为控制中心的调度员、车站值班员、车辆段/停车场值班员、各车站的运营服务管理人员等提供热线电话服务等专用功能，以实现快捷而可靠的通信，经组织指挥行车、运营管理及确保行车安全为目的，并为轨旁电话等专用电话提供自动交换功能，城轨调度电话可以采用基于 TDM 电路交换技术的程控数字调度机组，亦可采用 IP 软交换组网。

4）无线集群通信系统

集群通信系统产生于 20 世纪 70 年代，已经广泛应用于军队、公安、司法、铁路、交通、水利、机场、港口等部门，城市轨道中亦使用了数字集群系统，用于列车调度和城轨各部门工作中的日常通信。集群通信系统由基站、移动台、调度台和控制中心四部分组成。主流制式有基于 TETRA 的无线集群通信系统和基于 LTE 的宽带集群调度系统，受制于有限的 LTE 专网频段资源，基于 LTE 的车地通信目前主要还是用于承载 CBTC 或 CBTC + 集群的车地通信系统，视频监控系统、乘客信息系统等需要大带宽资源的系统仍使用 WLAN 等方式传输。新基建时代，公网 5G 已划分频段，已在全国快速落地部署网络，而 5G 轨道交通专用频段资源由于暂未划分，不具备搭建专网 5G 的条件，目前行业处于地铁和运营商共同制定标准和试验阶段。

5）广播系统

广播系统在轨道交通通信领域中是一个相对重要的系统，其主要作用是为控制中心调度员、车站值班员、站台工作人员或车辆段/停车场值班员提供对相应区域进行广播的功能，以确保能及时向乘客通告列车运行以及安全、向导等服务信息；向工作人员发布作业命令和通知；在紧急情况下，可以直接利用广播对工作人员与乘客进行应急指挥、调度和疏导；向列车上的乘客播报到站、进站信息等。

广播的传播方式主要有：有线广播和无线广播。轨道交通广播系统属于有线广播的范畴。

传统的广播信号采用 TDM 传输通道传送，城轨传输网采用基于 SDH 的 MSTP 传输技术，故亦可采用分组传输通道传送广播信号。

6）视频监控与入侵检测系统

城市轨道交通中安防监控系统包含视频监控和入侵报警系统两大方面。运用视频监控系统向行车组织管理人员及安防人员提供各个要害部位（如车站站厅、站台、出入口、机房等）的监视画面，便于管理监控与及时处理。

城市轨道交通一般采用车站、控制中心、上级监控中心三级互相独门的监视方式，平时以车站值班员控制为主进行视频监控，控制中心调度员可任意选择上调各车站的任一摄像头的监控画面。在紧急情况下则转换为以控制中心调度员控制为主进行视频监控。

在城市轨道交通中视频监控和入侵报警系统经历了模拟组网、模数结合及数字组网的方式。未来以"互联网+""物联网+"为推动力，运用 5G、人工智能、云计算、大数据等现代信息技术，提升铁路运输服务信息化和智能化水平，推动综合交通基础设施数字化、网联化、智能化、立体化发展。

7）时钟系统

时间时钟系统是城市轨道交通运行的重要组成部分之一，其作用是为工作人员和乘客提供统一的标准时间，并为其他各相关系统提供统一的标准时间信号，使各系统的定时设备与本系统同步，从而实现统一的时间标准。时钟系统为通信设备提供同步时钟信号，使各通信节点设备能同步运行。时间时钟系统提供时间信息和同步时钟信号的两类时钟系统均同步于全球定位系统（GPS）。

8）乘客信息系统

乘客信息系统（passenger information system，PIS），它是运用现代科技的网络技术与多媒体技术进行信息的多样化显示，根据不同的信息交互方式，将各类信息传递给指定人群。

轨道乘客信息系统在正常情况下，可为乘客提供列车运营时间信息、政府公告、出行参考、媒体新闻、广告等实时或非实时多媒体信息；在火灾、恐怖袭击、城市轨道交通运营事故等极端情况下，提供紧急疏散信息。

9）电源及接地系统

在城市轨道交通通信系统中，通信电源起着"心脏"的作用，其地位十分重要。随着轨道交通的飞速发展，通信设备大量增加，同时也不断更新换代，这就对通信电源提出了更高的要求：可靠性高、稳定性好、电磁兼容性好、高效率、智能化、体形小、适用于分散供电、便于安装与维护、节能、扩容性好。

通信电源系统由交流配电屏、-48 V 直流高频开关电源、交流不间断电源（UPS）、蓄电池组和电源集中监控等设备组成。系统分别承担全线范围内所有车站、控制中心、车辆段及停车场通信设备的供电。

通信电源系统的接地通常采用联合接地方式（工作地和保护地接在一起），接地系统由接地体、接地引入线、地线盘、室内接地配线等构成，接地电阻小于等于1Ω。

二维码 - 新录制 - 城轨交通通信技术介绍

项目测验

一、填空题

1. 不论声压级高低，人对（　　　　）频率的声音最敏感。
2. 为了在不增加电视系统传输帧率和带宽的条件下减小闪烁感，现有各种制式的电视系统均采用了（　　　　）扫描方式。
3. 彩色电视系统是按照（　　　　）的原理设计和工作的。
4. 按交换原理，交换技术可分为（　　　　）和分组交换技术。
5. （　　　　）发展到现在已成为计算机之间最常用的组网协议。
6. （　　　　）交换技术是指不通过任何光/电转换，直接在光域上完成输入到输出端的信息交换。
7. 在铁路行业，移动通信的代表为（　　　　）铁路专用移动通信系统。
8. 5G，是指第五代移动通信系统，是具有高速率、（　　　　）和（　　　　）特点的新一代宽带移动通信技术。
9. IPv4 的地址为（　　　　）位二进制数，IPv6 的地址为（　　　　）位二进制数。
10. GSM - R 通信中信道编码技术是（　　　　）。

二、选择题

1. 移动通信常用的多址方式有（　　　）（多项选择题）。

A. 频分多址　　　B. 时分多址　　　C. 码分多址　　　D. 相分多址

2. 码分多址技术具有以下（　　）特点（多项选择题）。

A. 抗干扰与多径衰落能力强，信息传输可靠性高

B. 防截获能力强

C. 系统容量大

D. 具有软切换功能

3. 以下不属于自动交换机的是（　　）。

A. 步进制交换机　　B. 磁石交换机　　C. 纵横制交换机　　D. 模拟程控交换机

4. 人的听觉频带为（　　）。

A. 300 Hz ~ 3 400 Hz　　　　　　B. 3 000 Hz ~ 5 000 kHz

C. 20 Hz ~ 10 kHz　　　　　　　D. 20 Hz ~ 20 kHz

5. 三基色原理指出，任何一种彩色都可由另外的三种彩色按不同的比例混合而成，这三基色是（　　）

A. 红、黄、绿　　B. 红、蓝、绿　　C. 红、黄、蓝　　D. 黑、黄、绿

6. 目前光纤通信系统中广泛使用的调制 – 检测方式是（　　）。

A. 相位调制 – 相干检测　　　　　B. 强度调制 – 相干检测

C. 频率调制 – 直接检测　　　　　D. 强度调制 – 直接检测

7. 光信号是以光功率来度量的，一般以（　　）为单位。

A. mW　　　　B. dB　　　　C. dBm　　　　D. dBw

8. DWDM 的中文解释是（　　）。

A. 空分复用　　B. 时分复用　　C. 波分复用　　D. 密集波分复用

9. 数据网物理层传输的是（　　）。

A. 原始比特　　B. 数据分组　　C. 数据帧　　D. 数据段

10. 路由选择功能是在 OSI 模型的（　　）。

A. 物理层　　B. 数据链路层　　C. 网络层　　D. 传输层

三、判断题（正确的打√，错误的打 ×）

（　　）1. 局域网中信号的传输是基带传输。

（　　）2. 小区制的特点是频率可以再复用，增加了系统容量，系统组网灵活。

（　　）3. LTE 系统业务包括 CS 域和 PS 域业务。

（　　）4. LTE 系统是第四代移动通信系统。

（　　）5. 电路交换是无连接的交换方式。

（　　）6. 分组交换方式用在突发性强的数据传输。

（　　）7. 二层交换机根据源 MAC 址来决定转发。

（　　）8. 在光纤中，光信号在纤芯中传输。

（　　）9. CTCS – 3 级列控系统是基于 GSM – R 无线通信网络实现车地信息双向传输的。

（　　）10. GSM – R 系统应用于铁路，通常采用面状覆盖的方式。

四、简答题

1. 为什么音视频可以进行压缩？

2. 简述交换机和路由器的工作原理。

3. 简述光纤通信的优缺点。

4. 简述移动通信的特点。

5. 城轨交通通信系统有哪些子系统？

6. 5G 通信技术有哪三大应用场景？

二维码－项目九－参考答案

第三篇　通信原理仿真实验

项目十

仿真实验

本书的仿真实验平台采用的是武汉凌特电子技术有限公司的仿真实验平台 e – Labsim。
一、有关 e – Labsim 相关操作的基本说明
1. 启动及退出仿真软件（实验工坊登录即用，无需安装）

（1）启动 e – Labsim 仿真系统。（提示：如果软件启动报错，请安装运行库 VC2008SP1Run-time 后重新启动 e – Labsim 仿真系统。）双击 e – Labsim 的快捷方式，进入 e – Labsim 登录界面，单击网络配置，将服务器 IP 地址改为：61.183.254.82（该地址为仿真软件基于凌特服务器的 IP 地址），服务端口号为：6606，单击"确定"按钮。在课程那一栏中选择相应的课程（这里选择通信原理），输入正确的登录名和密码后单击"登录"进入主界面。

（2）退出 e – Labsim 仿真系统。仿真系统的退出方式有两种：

①单击主菜单栏中【文件】—>【退出】，此时系统会弹出一个【提示】对话框，单击其中的"确定"按钮，即可退出该仿真实验系统，如图 10 – 1 所示。

②单击右上角的"关闭"按钮（  ），系统会弹出一个【提示】对话框，单击其中的"确定"按钮，即可退出该仿真实验系统。

图 10 – 1 退出系统

2. 开展实验

在仿真平台上，可以自己新建一个工作窗口，添加相应的实验功能模块，进行虚拟连线和操作，利用虚拟示波器等仪器进行过程数据分析，熟悉基本原理。

（1）新建实验：打开 e – Labsim 软件后，单击主菜单中的【文件】【新建】。

（2）选择模块：按实验要求，在模块列表区和仪表区选择并单击所需模块和实验仪表，拖曳到实验区。

（3）进行连线：连线方法参考说明"连线和调节模块参数"。

（4）开启系统运行：单击系统总开关▶开始运行，同时打开各模块和仪表的电源开关（单击左上方的■则停止后台算法，单击左上方Ⅱ暂停算法，单击▶继续运行算法）。

（5）参数设置和调节：设置相关开关、调节相关旋钮，观测和记录相关波形或数据。设置方法参考说明"连线和调节模块参数"。

（6）保存实验：单击主菜单【文件】中的【保存】或【另存为】将实验保存在本地电脑中。

3. 根据实验项目选择对应的实验模块及测试仪器（更换模块时必须停止运行）

在主界面的右边有两个分栏，分别是"通信原理"和"仪器仪表"，其中"通信原理"中包含的是实验所需的各种模块，比如主控单元，"仪器仪表"中包含的是实验所需的测试仪器，比如示波器。

可以用鼠标左键单击我们需要的实验模块，此时鼠标会从"箭头"变成"+"字形，然后将鼠标向空白文档处移动并点击一下左键就可以将此模块选至空白文档。按照同样的办法，可以依次将实验需要的模块拖动出来。测试仪器的选择同实验模块的选择方式。

模块的删除方法：在要删除的模块上单击鼠标右键，在弹出的菜单中选择"删除模块"。

模块位置的改变方法：用鼠标的左键单击模块不松开并进行拖动即可改变模块的位置。

模块大小的改变：直接滑动鼠标的滚轮即可调节模块大小，向前滚动为放大，向后滚动为缩小。

4. 调节模块参数和连线（连线时软件必须停止运行）

1）调节电位器

实验模块中包含有可调电位器：、。其调节方法为：将鼠标移至电位器上的白色细线处（），鼠标箭头变为手指形再顺时针（或逆时针）拖曳鼠标即可。

2）设置拨码开关、按键开关、单刀双掷开关

实验模块中包含有拨码开关（）、电源开关（）、按键开关（、）和单刀双掷开关（、）。

其设置方法为：将鼠标移至拨码开关上的某个码位（鼠标箭头变为手指形），再单击鼠标左键，即可将码位设置为 ON 或者 OFF 状态（如图 ，，此时拨码开关为 11110000，电源开关为开启状态）。按键开关和单刀双掷开关的设置方法与拨码开关类似，鼠标移至开关变成手指形（、、、），单击鼠标左键即可。

3）连线

实验模块上 是信号的输入或输出的连线端口。

实验连线的具体操作方法如下：

（1）将鼠标移至某个模块的信号输出端口（）。

（2）直到鼠标变成十字形（）。

（3）再单击鼠标左键即可连接一根线（ ），从信号端口引出连线，此时鼠标可以任意移动）。

（4）最后移动鼠标选择另一个信号输入端口，直至变成十字形，再单击左键即可完成连线（ ）。

（5）实验连线遵循的一个原则是模块中的信号输入端口只能和信号输出端口直连，也就是说，信号输入端口不能与信号输入端口连线，信号输出端口也不能与信号输出端口连线。另外，实验连线的颜色是交替改变的，以便于识别；连线的颜色和粗细也可参考菜单栏和工具栏的说明进行设置。

5. 模块上旋钮的使用及示波器的使用

1）模块

（1）旋钮：粗调：用鼠标的左键点击需要调节的旋钮不松开并进行转动即可对旋钮进行调节；微调：将鼠标放置于需要调节的旋钮上，此时鼠标会呈现小手的形状，然后按键盘上的方向键←和→。

（2）拨码开关及按键：用鼠标的左键点击即可。

2）示波器

双击 就可以进入示波器的主界面 ，示波器上相应旋钮及按键的操作方式同模块。

注：示波器第一次打开时通道二的显示开关为关闭状态，单击"CH2MENU"即可观察到二通道的波形，功能同实际示波器。

3）常见信号观测方法

• 稳定观测 PN 序列：

（1）先将 PN 序列连接至示波器的一通道。

（2）单击操作面板右侧的"TRIG MENU"，确认信源显示为 CH1 后，单击"SET TO 50%"，使触发电平处于 PN 序列的中间位置。

（3）单击"HORIZ MENU"后再单击示波器左侧一排无标识的按钮中倒数第二个按钮，使触发按钮选择为释抑 。

（4）旋转"LEVEL"按钮直至 PN 序列能够稳定显示。

• 眼图观测：

（1）按照实验指导书的要求将 CLK 信号连接至示波器第一通道，眼图观测点连接至第二通道。

（2）单击"DISPLAY"按钮，然后单击持续时间右侧对应的按钮，将持续时间打开 。

• 星座图观测：

（1）按照指导书要求连接两个端口至示波器的两个通道上。

（2）单击"DISPLAY"按钮，然后单击格式右侧对应的按钮，改为 XY 格式。

6. 注意事项

（1）实验过程中，凡是涉及测试连线改变时，都需先停止运行仿真，待连线调整完后，再开启仿真进行后续调节测试。

（2）实验过程中如果提示模块未响应时（如图 10 - 2 所示），需按照提示将该模块拖出并开电。

图 10 - 2　e - Labsim 提示

（3）默认状态下拨码开关及电源开关等都是拨下的状态（即 OFF），运行软件时需根据实际情况进行设置，具体见"连线和调节模块参数"。

二、主控 & 信号源模块

1. 按键及接口说明（图 10 - 3）

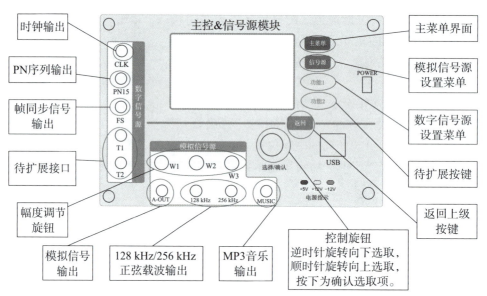

图 10 - 3　主控 & 信号源按键及接口说明

功能说明如下：

1）模拟信号源功能

模拟信号源设置菜单由"信号源"按键进入，该菜单下按"选择/确定"键可以依次设置："输出波形"→"输出频率"→"调节步进"→"音乐输出"→"占空比"（只有在输出方波模式下才出现)。在设置状态下,按下"选择/确定"旋钮就可以设置参数了。菜单如图 10-4 所示。

```
模拟信号源
输出波形:正弦波
输出频率:0001.00 kHz
调节步进:10 Hz
音乐输出:音频1
```
(a)

```
模拟信号源
输出波形:方波
输出频率:0001.00 kHz
调节步进:10 Hz
音乐输出:音频1
占空比:   50%
```
(b)

图 10-4 模拟信号源设置菜单
(a) 输出正弦波时没有占空比选项;(b) 输出方波时有占空比选项

注意:上述设置是有顺序的。例如,从"输出波形"设置切换到"音乐输出"需要按 3 次"选择/确定"旋钮。

下面对每一种设置进行详细说明:

(1)"输出波形"设置。

一共有 6 种波形可以选择:

正弦波:输出频率 10 Hz ~ 2 MHz。

方波:输出频率 10 Hz ~ 200 kHz。

三角波:输出频率 10 Hz ~ 200 kHz。

DSBFC(全载波双边带调幅):由正弦波作为载波,音乐信号作为调制信号。输出全载波双边带调幅。

DSBSC(抑制载波双边带调幅):由正弦波作为载波,音乐信号作为调制信号。输出抑制载波双边带调幅。

FM:载波固定为 20 kHz,音乐信号作为调制信号。

(2)"输出频率"设置。

"选择/确定"旋钮顺时针旋转可以增大频率,逆时针旋转可以减小频率。频率增大或减小的步进值根据"调节步进"参数来定。

在"输出波形"DSBFC 和 DSBSC 时,设置的是调幅信号载波的频率;

在"输出波形"FM 时,设置频率对输出信号无影响。

(3)"调节步进"设置。

"选择/确定"旋钮顺时针旋转可以增大步进,逆时针旋转可以减小步进。步进分为: "10 Hz""100 Hz""1 kHz""10 kHz""100 kHz"五挡。

(4)"音乐输出"设置。

设置"MUSIC"端口输出信号的类型。有"音乐 1""音乐 2""3K + 1K 正弦波"三种信号输出。

(5)"占空比"设置。

"选择/确定"旋钮顺时针旋转可以增大占空比,逆时针旋转可以减小占空比。占空比调节范围为 10% ~ 90%，以 10% 为步进调节。

2）数字信号源功能

数字信号源设置菜单由"功能 1"按键进入，该菜单下按"选择/确定"旋钮可以设置："PN 输出频率"和"FS 输出"。菜单如图 10 - 5 所示。

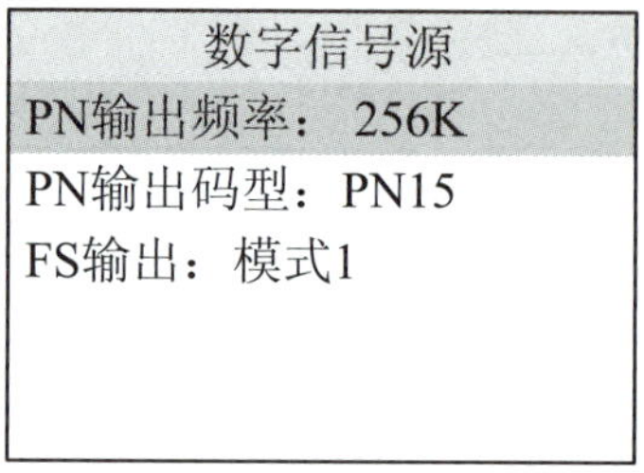

(1)"PN 输出频率"设置。

设置"CLK"端口的频率及"PN"端口的码速率。频率范围：1 kHz ~ 2 048 kHz。

(2)"FS 输出"设置。

数字信号源
PN 输出频率： 256K
PN 输出码型：PN15
FS 输出：模式1

图 10 - 5 数字信号源设置菜单

设置"FS"端口输出帧同步信号的模式：

模式 1：帧同步信号保持 8 kHz 的周期不变，帧同步的脉宽为 CLK 的一个时钟周期（要求"PN 输出频率"不小于 16 kHz，主要用于 PCM、ADPCM 编译码帧同步及时分复用实验）。

模式 2：帧同步的周期为 8 个 CLK 时钟周期，帧同步的脉宽为 CLK 的一个时钟周期（主要用于汉明码编译码实验）。

模式 3：帧同步的周期为 15 个 CLK 时钟周期，帧同步的脉宽为 CLK 的一个时钟周期（主要用于 BCH 编译码实验）。

2. 通信原理实验菜单功能

按"主菜单"按键后的第一个选项"通信原理"，出现"通信原理实验"菜单，如图 10 - 6 所示。

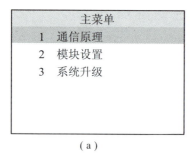

(a)   (b)

图 10 - 6 设置为"通信原理实验"
(a) 主菜单；(b) 进入通信原理实验菜单

进入"通信原理实验"菜单后，'选择/确定'旋钮逆时针旋转光标会向下走，顺时针旋转光标会向上走。按下"选择/确认"旋钮时，会设置光标所在实验的功能。有的实验有会跳转到下级菜单，有的则没有下级菜单，没有下级菜单的会在实验名称前标记"√"符号。

在选中某个实验时，主控模块会向实验所涉及的模块发出命令。因此，需要这些模块电源开启，否则，设置会失败。实验具体需要哪些模块，在实验步骤中均有说明，详见具体实验。

三、2 号数字终端 & 时分多址模块

1. 模块框图

2 号模块框图如图 10 - 7 所示。

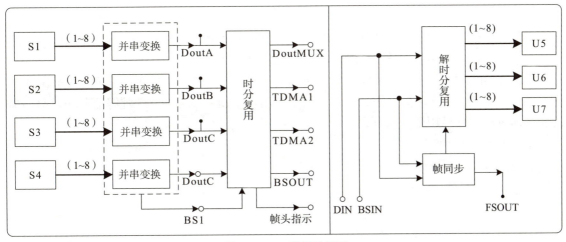

图 10-7 2 号模块框图

2. 模块简介

时分复用（TDMA）适用于数字信号的传输。由于信道的位传输率超过每一路信号的数据传输率，因此可将信道按时间分成若干片段轮换地给多个信号使用。每一时间片由复用的一个信号单独占用，在规定的时间内，多个数字信号都可按要求传输到达，从而也实现了一条物理信道上传输多个数字信号。

四、3 号信源编译码模块

1. 模块框图

3 模块框图如图 10-8 所示。

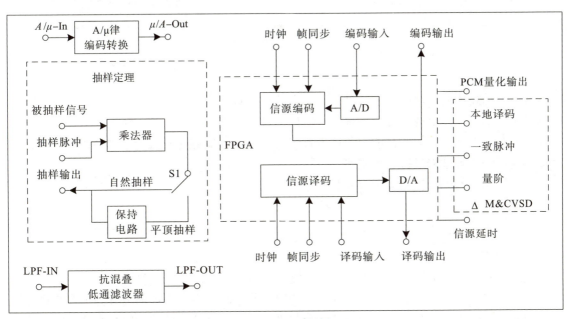

图 10-8 3 号模块框图

223

2. 模块简介

在信源→信源编码→信道编码→信道传输（调制/解调）→信道译码→信源译码→新宿的整个信号传播连路中，本模块功能属于信源编码与信源译码（A/D 与 D/A）环节，通过 ALTERA 公司的 FPGA（EP2C5T144C8N）完成包括抽样定理、抗混叠低通滤波、A/μ 律转换、PCM 编译码、ΔM&CVSD 编译码的功能与应用。帮助实验者学习并理解信源编译码的概念和具体过程，并可用于二次开发。

五、6 号信道编译码模块

1. 模块框图

6 模块框图如图 10-9 所示。

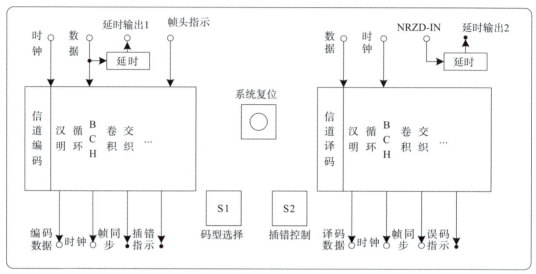

图 10-9　6 号模块框图

2. 模块简介

数字信号在传输中往往由于各种原因，在传送的数据流中产生误码，从而使接收端产生图像跳跃、不连续、出现马赛克等现象。所以通过信道编码这一环节，对数码流进行相应的处理，使系统具有一定的纠错能力和抗干扰能力，可极大地避免码流传送中误码的发生，这就使得信道编译码过程显得尤为重要。

六、7 号时分复用 & 时分交换模块

1. 模块框图

7 号模块框图如图 10-10 所示。

2. 模块简介

复用是通信系统中较为重要的一环节，复用的目的是实现多路信号在同一信道上传输以减少对资源的占用。应用于信道编码与基带传输编码中间，将一物理信道分为一个个物理碎片，周期性地利用某一时隙，最后将其组合起来，形成一完整的信号。时分交换是在时分复用中的一个过程，而时分复用与时分交换模块也可应用于程控交换通信系统中。

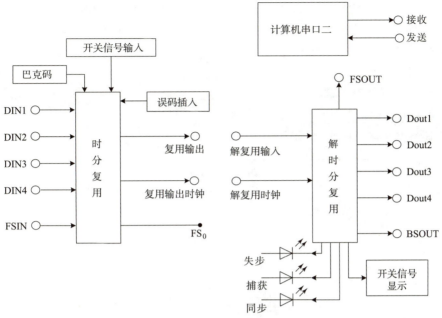

图 10 – 10　7 号模块框图

七、8 号基带传输编译码模块

1. 模块框图

8 号模块框图如图 10 – 11 所示。

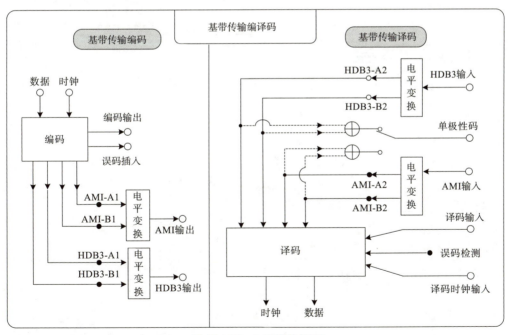

图 10 – 11　8 号模块框图

2. 模块简介

基带传输是一种不搬移基带信号频谱的传输方式，在线路中直接传送数字信号的电脉

225

冲。未对载波调制的待传信号称为基带信号，它所占的频带称为基带，基带的高限频率与低限频率之比通常远大于1，一般用于工业生产中。模式为：服务器—终端服务器—电话线—基带—终端，在OSI参考模型中属于物理层设备。这是一种最简单的传输方式，近距离通信的局域网都采用基带传输。

八、9号数字调制解调模块

1. 模块框图

9号模块框图如图10-12所示。

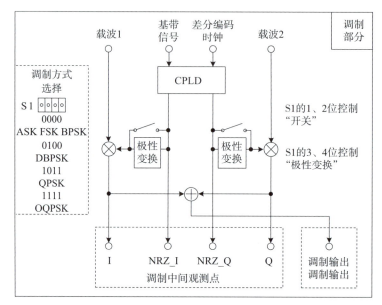

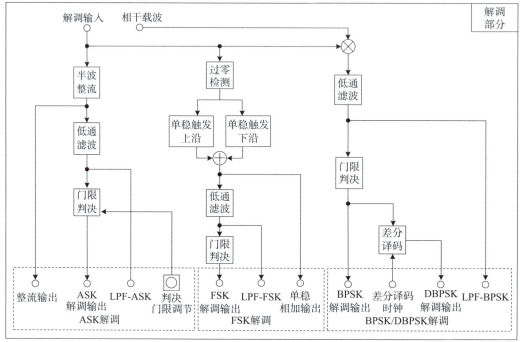

图10-12 9号模块框图

2. 模块简介

在信源→信源编码→信道编码→信道传输（调制/解调）→信道译码→信源译码→信宿的整个信号传播链路中，本模块功能属于数字调制解调环节，通过 CPLD 完成 ASK、FSK、BPSK/DBPSK 的调制解调实验。帮助实验者学习并理解数字调制解调的概念和具体过程，并可分别单独用于二次开发。

九、13 号载波同步及位同步模块

1. 模块框图

13 号模块框图如图 10 – 13 所示。

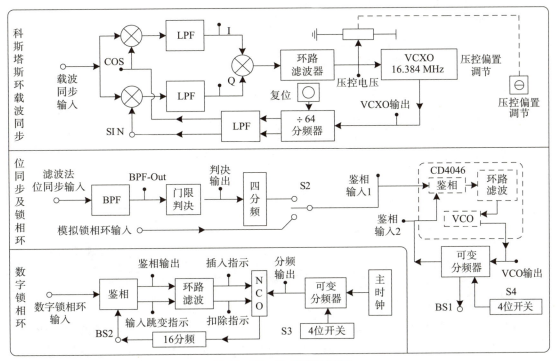

图 10 – 13　13 号模块框图

2. 模块简介

同步是通信系统中一个重要的实际问题。当采用同步解调或相干检测时，接收端需要提供一个与发射端调制载波同频同相的相干载波，这就需要载波同步。在最佳接收机结构中，需要对积分器或匹配滤波器的输出进行抽样判决。接收端必须产生一个用作抽样判决的定时脉冲序列，它和接收码元的终止时刻应对齐。这就需要位同步。

实验一　抽样定理实验

一、实验目的

（1）了解抽样定理在通信系统中的重要性。

（2）掌握自然抽样及平顶抽样的实现方法。

(3) 理解低通采样定理的原理。
(4) 理解实际的抽样系统。
(5) 理解低通滤波器的幅频特性对抽样信号恢复的影响。
(6) 理解低通滤波器的相频特性对抽样信号恢复的影响。
(7) 理解带通采样定理的原理。

二、实验器材

(1) 主控 & 信号源。
(2) 3号信源编译码模块。
(3) 示波器。

三、实验原理

1. 实验原理框图

抽样定理实验原理如图 10 – 14 所示。

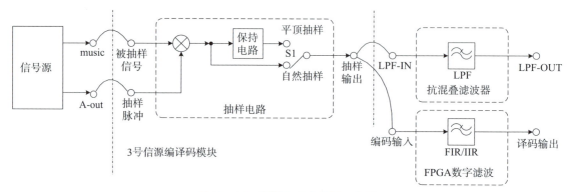

图 10 – 14 抽样定理实验原理框图

2. 实验原理说明

抽样信号由抽样电路产生。将输入的被抽样信号与抽样脉冲相乘就可以得到自然抽样信号，自然抽样的信号经过保持电路得到平顶抽样信号。平顶抽样信号和自然抽样信号是通过开关 S1 切换输出的。

将抽样信号经过低通滤波器，即可得到恢复的抽样信号。这里滤波器可以选用抗混叠滤波器（8 阶 3.4 kHz 的巴特沃斯低通滤波器）或 FPGA 数字滤波器（有 FIR、IIR 两种）。反 sinc 滤波器不是用来恢复抽样信号的，而是用来应对孔径失真现象。

要注意，这里的数字滤波器是借用的信源编译码部分的端口。在做本实验时与信源编译码的内容没有联系。

四、实验步骤

任务　抽样信号观测及抽样定理验证

概述：通过不同频率的抽样时钟，从时域和频域两方面观测自然抽样和平顶抽样的输出波形，以及信号恢复的混叠情况，从而了解不同抽样方式的输出差异和联系，验证抽样定理。

五、实验报告

(1) 分析电路的工作原理，叙述其工作过程。

抽样定理实验

(2) 绘出所做实验的电路、仪表连接调测图,并列出所测各点的波形、频率、电压等有关数据,对所测数据做简要分析说明。必要时可借助计算公式及其推导公式。

实验二　PCM 编译码实验

一、实验目的
(1) 掌握脉冲编码调制与解调的原理。
(2) 掌握脉冲编码调制与解调系统的动态范围和频率特性的定义及测量方法。
(3) 了解脉冲编码调制信号的频谱特性。

二、实验器材
(1) 主控 & 信号源模块。
(2) 3 号信源编译码模块。
(3) 示波器。

三、实验原理
1. 实验原理框图(图 10 – 15)

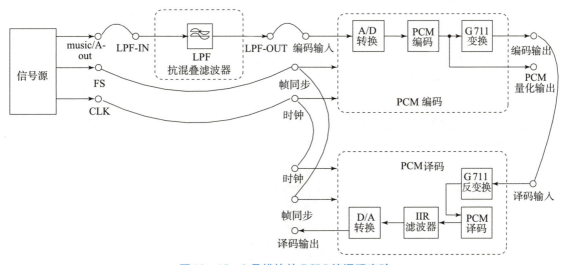

图 10 – 15　3 号模块的 PCM 编译码实验

2. 实验原理说明

图 10 – 15 中描述的是采用软件方式实现 PCM 编译码,并展示中间变换的过程。PCM 编码过程是将音乐信号或正弦波信号,经过抗混叠滤波(其作用是滤波 3.4 kHz 以外的频率,防止 A/D 转换时出现混叠的现象)。抗混滤波后的信号经 A/D 转换,然后做 PCM 编码,之后由于 G.711 协议规定 A 律的奇数位取反,μ 律的所有位都取反。因此,PCM 编码后的数据需要经 G.711 协议的变换输出。PCM 译码过程是 PCM 编码逆向的过程,不再赘述。

3. PCM 编码基本原理

模拟信号进行抽样后，其抽样值还是随信号幅度连续变化的，当这些连续变化的抽样值通过有噪声的信道传输时，接收端就不能对所发送的抽样准确地估值。如果发送端用预先规定的有限个电平来表示抽样值，且电平间隔比干扰噪声大，则接收端将有可能对所发送的抽样准确地估值，从而有可能消除随机噪声的影响。

脉冲编码调制（PCM）简称为脉码调制，它是一种将模拟语音信号变换成数字信号的编码方式。脉码调制的原理如图 3 - 7 所示。

PCM 主要包括抽样、量化与编码三个过程。抽样是把时间连续的模拟信号转换成时间离散、幅度连续的抽样信号；量化是把时间离散、幅度连续的抽样信号转换成时间离散、幅度离散的数字信号；编码是将量化后的信号编码形成一个二进制码组输出。国际标准化的 PCM 码组（电话语音）是用八位码组代表一个抽样值。编码后的 PCM 码组，经数字信道传输，在接收端，用二进制码组重建模拟信号，在解调过程中，一般采用抽样保持电路。预滤波是为了把原始语音信号的频带限制在 300 ~ 3 400 Hz，所以预滤波会引入一定的频带失真。

在整个 PCM 系统中，重建信号的失真主要来源于量化以及信道传输误码。通常，用信号与量化噪声的功率比，即信噪比 S/N 来衡量信号失真。国际电报电话咨询委员会（ITU - T）详细规定了它的指标，还规定比特率为 64 Kbit/s，使用 A 律或 μ 律编码律。下面将详细介绍 PCM 编码的整个过程，由于抽样原理已在前面实验中详细讨论过，故在此只讲述量化及编码的原理。

四、实验步骤

（注：实验过程中，凡是涉及测试连线改变时，都需先停止运行仿真，待连线调整完后，再开启仿真进行后续调节测试。）

任务 PCM 编码规则验证

概述：该项目是通过改变输入信号幅度或编码时钟，对比观测 A 律 PCM 编译码和 μ 律 PCM 编译码输入输出波形，从而了解 PCM 编码规则。

PCM 编译码实验

五、实验报告

（1）分析实验电路的工作原理，叙述其工作过程。

（2）根据实验测试记录，画出各测量点的波形图，并分析实验现象。（注意对应相位关系）

（3）对实验思考题加以分析，做出回答。

实验三 HDB3 码型变换实验

一、实验目的
（1）了解几种常用的数字基带信号的特征和作用。
（2）掌握 HDB3 码的编译规则。
（3）了解滤波法位同步在 HDB3 码变换过程中的作用。

二、实验器材
（1）主控 & 信号源模块。
（2）2 号数字终端 & 时分多址模块。
（3）8 号基带传输编译码模块。
（4）13 号载波同步及位同步模块。
（5）示波器。

三、实验原理

1. HDB3 编译码实验原理框图

HDB3 编译码实验原理如图 10 – 16 所示。

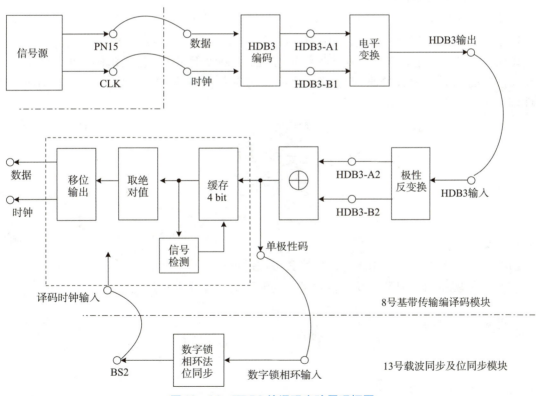

图 10 – 16 HDB3 编译码实验原理框图

2. 实验原理说明

我们知道 AMI 编码规则是遇到 0 输出 0，遇到 1 则交替输出 +1 和 −1。而 HDB3 编码由于需要插入破坏位 B，因此，在编码时需要缓存 3 b 的数据。当没有连续 4 个连 0 时，与 AMI 编码规则相同；当 4 个连 0 时，最后一个 0 变为传号 A，其极性与前一个 A 的极性相反。若该传号与前一个 1 的极性不同，则还要将这 4 个连 0 的第一个 0 变为 B，B 的极性与 A 相同。实验框图中，编码过程是将信号源经程序处理后，得到 HDB3 − A1 和 HDB3 − B1 两路信号，再通过电平转换电路进行变换，从而得到 HDB3 编码波形。

同样 AMI 译码只需将所有的 ±1 变为 1，0 变为 0 即可。而 HDB3 译码只需找到传号 A，将传号和传号前 3 个数都清 0 即可。传号 A 的识别方法是：该符号的极性与前一极性相同，该符号即为传号。实验框图中，译码过程是将 HDB3 码信号送入电平逆变换电路，再通过译码处理，得到原始码元。

四、实验步骤

（注：实验过程中，凡是涉及测试连线改变时，都需先停止运行仿真，待连线调整完后，再开启仿真进行后续调节测试。）

任务一　HDB3 编译码（256 kHz 归零码实验）

概述：本项目通过选择不同的数字信源，分别观测编码输入及时钟、译码输出及时钟，观察编译码延时以及验证 HDB3 编译码规则。

任务二　HDB3 编译码（256 kHz 非归零码实验）

概述：本项目通过观测 HDB3 非归零码编译码相关测试点，了解 HDB3 编译码规则。

任务三　HDB3 码对连 0 信号的编码、直流分量以及时钟信号提取观测

概述：本项目通过设置和改变输入信号的码型，观测 HDB3 归零码编码输出信号中对长连 0 码信号的编码、含有的直流分量变化以及时钟信号提取情况，进一步了解 HDB3 码特性。

HDB3 编译码

五、实验报告

（1）分析实验电路的工作原理，叙述其工作过程。
（2）根据实验测试记录，画出各测量点的波形图，并分析实验现象。

实验四　ASK 调制及解调实验

一、实验目的

（1）掌握用键控法产生 ASK 信号的方法。
（2）掌握 ASK 非相干解调的原理。

二、实验器材
（1）主控 & 信号源模块。
（2）9 号数字调制解调模块。
（3）示波器。

三、实验原理
1. 实验原理框图
ASK 调制及解调实验原理如图 10-17 所示。

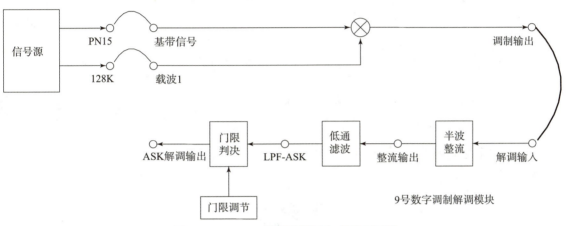

图 10-17　ASK 调制及解调实验原理框图

2. 实验原理说明
ASK 调制是将基带信号和载波直接相乘。已调信号经过半波整流、低通滤波后，通过门限判决电路解调出原始基带信号。

3. 2ASK 基本原理
振幅键控是利用载波的幅度变化来传递数字信息，而其频率和初始相位保持不变。
2ASK 信号的一般表达式为
$$e_{2ASK}(t) = s(t)\cos(\omega_c t)$$
2ASK 信号的时域波形如图 10-18 所示。

四、实验步骤
（注：实验过程中，凡是涉及测试连线改变时，都需先停止运行仿真，待连线调整完后，再开启仿真进行后续调节测试。）

任务一　ASK 调制

概述：ASK 调制实验中，ASK（振幅键控）载波幅度是随着基带信号的变化而变化的。在本项目中，通过调节输入 PN 序列频率或者载波频率，对比观测基带信号波形与调制输出波形，观测每个码元对应的载波波形，验证 ASK 调制原理。

任务二　ASK 解调

概述：实验中通过对比观测调制输入与解调输出，观察波形是否有延时现象，并验证 ASK 解调原理。观测解调输出的中间观测点，如：TP4（整流输出）、TP5（LPF-ASK），深入理解 ASK 解调过程。

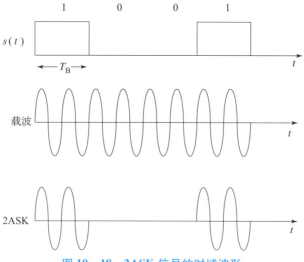

图 10 – 18 2ASK 信号的时域波形

五、实验报告

（1）分析实验电路的工作原理，简述其工作过程。

（2）分析 ASK 调制解调原理。

ASK 调制解调

实验五 FSK 调制及解调实验

一、实验目的

（1）掌握用键控法产生 FSK 信号的方法。

（2）掌握 FSK 非相干解调的原理。

二、实验器材

（1）主控 & 信号源模块。

（2）9 号数字调制解调模块。

（3）示波器。

三、实验原理

1. 实验原理框图

FSK 调制及解调实验原理如图 10 – 19 所示。

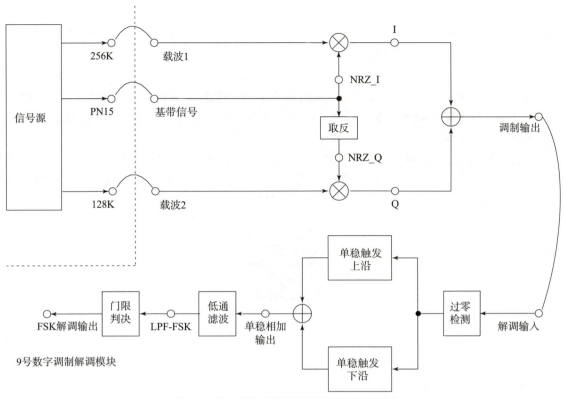

图 10-19　FSK 调制及解调实验原理框图

2. 实验原理说明

基带信号与一路载波相乘得到 1 电平的 ASK 调制信号，基带信号取反后再与二路载波相乘得到 0 电平的 ASK 调制信号，然后相加合成 FSK 调制输出；已调信号经过过零检测来识别信号中载波频率的变化情况，通过上、下沿单稳触发电路再相加输出，最后经过低通滤波和门限判决，得到原始基带信号。

3. 2FSK 基本原理

频移键控是利用载波的频率变化来传递数字信息。2FSK 信号的表达式可简化为

$$e_{2FSK}(t) = s_1(t)\cos(\omega_1 t) + s_2(t)\cos(\omega_2 t)$$

2FSK 信号的时域波形如图 10-20 所示。

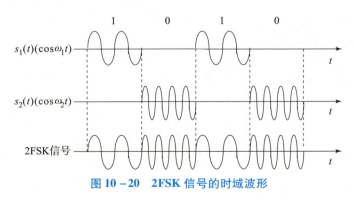

图 10-20　2FSK 信号的时域波形

235

四、实验步骤

（注：实验过程中，凡是涉及测试连线改变时，都需先停止运行仿真，待连线调整完后，再开启仿真进行后续调节测试。）

任务一　FSK 调制

概述：FSK 调制实验中，信号是用载波频率的变化来表征被传信息的状态。本项目中，通过调节输入 PN 序列频率，对比观测基带信号波形与调制输出波形来验证 FSK 调制原理。

任务二　FSK 解调

概述：FSK 解调实验中，采用非相干解调法对 FSK 调制信号进行解调。实验中通过对比观测调制输入与解调输出，观察波形是否有延时现象，并验证 FSK 解调原理。观测解调输出的中间观测点，如 TP6（单稳相加输出）、TP7（LPF – FSK），深入理解 FSK 解调过程。

FSK 调制及解调实验

五、实验报告

（1）分析实验电路的工作原理，简述其工作过程；
（2）分析 FSK 调制解调原理。

实验六　BPSK 调制及解调实验

一、实验目的

（1）掌握 BPSK 调制和解调的基本原理；
（2）掌握 BPSK 数据传输过程，熟悉典型电路；
（3）了解数字基带波形时域形成的原理和方法，掌握滚降系数的概念；
（4）熟悉 BPSK 调制载波包络的变化；
（5）掌握 BPSK 载波恢复特点与位定时恢复的基本方法。

二、实验器材

（1）主控 & 信号源模块；
（2）9 号数字调制解调模块；
（3）13 号载波同步及位同步模块；
（4）示波器。

三、实验原理

1. BPSK 调制及解调（9 号模块）实验原理框图

BPSK 调制及解调实验原理如图 10 – 21 所示。

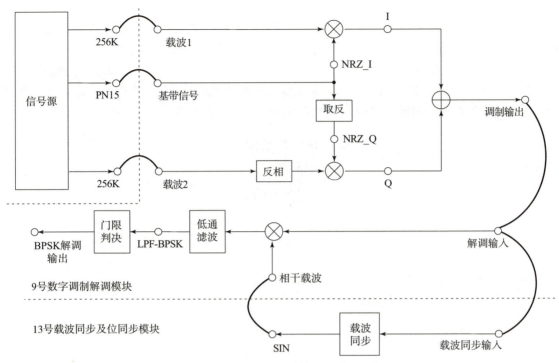

图 10-21　BPSK 调制及解调实验原理框图

2. BPSK 调制解调（9 号模块）实验框图说明

基带信号的 1 电平和 0 电平信号分别与 256 kHz 载波及 256 kHz 反相载波相乘，叠加后得到 BPSK 调制输出；已调信号送入 13 号模块载波提取单元得到同步载波；已调信号与相干载波相乘后，经过低通滤波和门限判决后，解调输出原始基带信号。

3. BPSK 基本原理

相移键控是利用载波的相位变化来传递数字信息，而振幅和频率保持不变。
BPSK 信号的时域表达式为

$$e_{\text{BPSK}}(t) = A\cos(\omega_1 t + \varphi_n)$$

式中：φ_n 表示第 n 个符号的绝对相位，即

$$\varphi_n = \begin{cases} 0 & \text{发送 "0" 时} \\ \pi & \text{发送 "1" 时} \end{cases}$$

BPSK 信号的时域波形如图 10-22 所示。

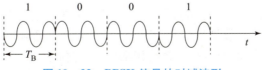

图 10-22　BPSK 信号的时域波形

四、实验步骤

（注：实验过程中，凡是涉及测试连线改变时，都需先停止运行仿真，待连线调整完后，再开启仿真进行后续调节测试。）

任务一　BPSK 调制

概述：BPSK 调制实验中，信号是用相位相差 180°的载波变换来表征被传递信息的。本项目通过对比观测基带信号波形与调制输出波形来验证 BPSK 调制原理。

任务二　BPSK 解调

概述：本项目通过对比观测基带信号波形与解调输出波形，观察是否有延时现象，并且验证 BPSK 解调原理。观测解调中间观测点 TP8，深入理解 BPSK 解调原理。

BPSK 调制解调

五、实验报告

（1）分析实验电路的工作原理，简述其工作过程；
（2）分析 BPSK 调制解调原理。

实验七　DBPSK 调制及解调实验

一、实验目的

（1）掌握 DBPSK 调制和解调的基本原理；
（2）掌握 DBPSK 数据传输过程，熟悉典型电路；
（3）熟悉 DBPSK 调制载波包络的变化。

二、实验器材

（1）主控 & 信号源模块；
（2）9 号数字调制解调模块；
（3）13 号载波同步及位同步模块；
（4）示波器。

三、实验原理

1. DBPSK 调制解调（9 号模块）实验原理框图

DBPSK 调制及解调实验原理如图 10 – 23 所示。

2. DBPSK 调制解调（9 号模块）实验原理说明

基带信号先经过差分编码得到相对码，再将相对码的 1 电平和 0 电平信号分别与 256K 载波及 256K 反相载波相乘，叠加后得到 DBPSK 调制输出；已调信号送入 13 号模块载波提取单元得到同步载波；已调信号与相干载波相乘后，经过低通滤波和门限判决后，解调输出原始相对码，最后经过差分译码恢复输出原始基带信号。其中载波同步和位同步由 13 号模块完成。

3. DBPSK 基本原理

在传输信号里，BPSK 信号与 2ASK 及 2FSK 信号相比，具有较好的误码率性能，但是，

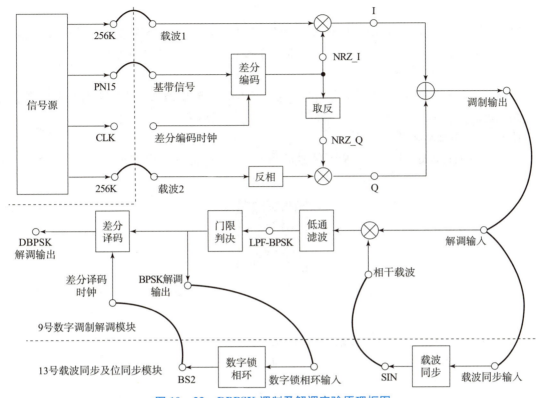

图 10-23　DBPSK 调制及解调实验原理框图

在使用相干解调的 2PSK 信号传输系统中存在相位不确定性,并将造成接收码元"0"和"1"的颠倒,产生误码。为了保证 BPSK 的优点,也不会产生误码,把 BPSK 体制改进为二进制差分相移键控（DBPSK）,即相对相移键控。

假设 $\Delta\varphi$ 为当前码元与前一码元的载波相位差,则数字信息与 $\Delta\varphi$ 之间的关系可定义为

$$\Delta\varphi = \begin{cases} 0 & \text{表示数字信息 "0"} \\ \pi & \text{表示数字信息 "1"} \end{cases}$$

也就是说,DBPSK 信号的相位并不直接代表基带信号,而前后码元相对相位的差才唯一决定信息符号。

DBPSK 信号调制过程波形如图 10-24 所示。

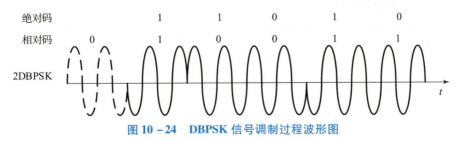

图 10-24　DBPSK 信号调制过程波形图

四、实验步骤

（注：实验过程中,凡是涉及测试连线改变时,都需先停止运行仿真,待连线调整完后,再开启仿真进行后续调节测试。）

任务一 DBPSK 调制

概述：DBPSK 调制实验中，信号是用相位相差 180°的载波变换来表征被传递的信息。本项目通过对比观测基带信号波形与调制输出波形来验证 DBPSK 调制原理。

任务二 DBPSK 差分变换

概述：本项目通过对比观测基带信号波形与 NRZ–I 输出波形，观察差分信号，验证差分变换原理。

任务三 DBPSK 解调

概述：本项目通过对比观测基带信号波形与 DBPSK 解调输出波形，验证 DBPSK 解调原理。

DBPSK 调制及解调实验

五、实验报告

（1）分析实验电路的工作原理，简述其工作过程；
（2）通过实验波形，分析 DBPSK 调制解调原理。

实验八 汉明码编译码实验

一、实验目的

（1）了解信道编码在通信系统中的重要性。
（2）掌握汉明码编译码的原理。
（3）掌握汉明码检错纠错原理。
（4）理解编码码距的意义。

二、实验器材

（1）主控 & 信号源模块；
（2）6 号信道编译码模块；
（3）2 号数字终端 & 时分多址模块；
（4）示波器。

三、实验原理

1. 实验原理框图

汉明码编译码实验原理如图 10–25 所示。

2. 实验原理说明

汉明码编码过程：数字终端的信号经过串并变换后，进行分组，分组后的数据再经过汉明码编码，数据由 4 b 变为 7 b。

在发送端编码时，信息位 α_6、α_5、α_4 和 α_3 的值取决于输入信号，因此它们是随机的。

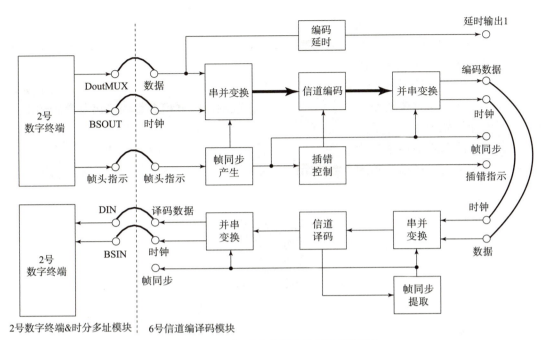

图 10-25 汉明码编译码实验原理框图

监督位 α_2、α_1 和 α_0 应根据信息位的取值按监督关系来确定,即监督位应使式（10-1）中 S_1、S_2 和 S_3 的值为 0（表示变成的码组中应无错码）

$$\begin{cases} S_1 = \alpha_6 \oplus \alpha_5 \oplus \alpha_4 \oplus \alpha_2 = 0 \\ S_2 = \alpha_6 \oplus \alpha_5 \oplus \alpha_3 \oplus \alpha_1 = 0 \\ S_3 = \alpha_6 \oplus \alpha_4 \oplus \alpha_3 \oplus \alpha_0 = 0 \end{cases} \quad (10-1)$$

由上式经移项运算,解出监督位

$$\begin{cases} \alpha_2 = \alpha_6 \oplus \alpha_5 \oplus \alpha_4 \\ \alpha_1 = \alpha_6 \oplus \alpha_5 \oplus \alpha_3 \\ \alpha_0 = \alpha_6 \oplus \alpha_4 \oplus \alpha_3 \end{cases} \quad (10-2)$$

给定信息位后,可直接按上式算出监督位,其结果如表 10-1 所列。

表 10-1 信息位与监督位的对应关系

信息位 $\alpha_6\alpha_5\alpha_4\alpha_3$	监督位 $\alpha_2\alpha_1\alpha_0$	信息位 $\alpha_6\alpha_5\alpha_4\alpha_3$	监督位 $\alpha_2\alpha_1\alpha_0$
0000	000	1000	111
0001	011	1001	100
0010	101	1010	010
0011	110	1011	001
0100	110	1100	001
0101	101	1101	010
0110	011	1110	100
0111	000	1111	111

四、实验步骤

(注:实验过程中,凡是涉及测试连线改变时,都需先停止运行仿真,待连线调整完后,再开启仿真进行后续调节测试。)

任务一 汉明码编码规则验证

概述:本项目通过改变输入数字信号的码型,观测延时输出、编码输出及译码输出,验证汉明码编译码规则。

任务二 汉明码检纠错性能检验

概述:本项目通过插入不同个数的错误,观测译码结果与输入信号,验证汉明码的检纠错能力。

汉明码编译码

五、实验报告

(1) 根据实验测试记录,完成实验表格;
(2) 分析实验电路的工作原理,简述其工作过程。

实验九 帧同步提取实验

一、实验目的

(1) 掌握巴克码识别原理。
(2) 掌握同步保护原理。
(3) 掌握假同步、漏同步、捕捉态、维持态的概念。

二、实验器材

(1) 主控 & 信号源模块。
(2) 7 号时分复用 & 时分交换模块。
(3) 示波器。

三、实验原理

1. 实验原理框图

帧同步提取实验原理如图 10-26 所示。

2. 实验原理说明

帧同步是通过时分复用模块,展示在恢复帧同步时失步、捕获、同步三种状态间的切换,以及假同步及同步保护等功能。

四、实验步骤

(注:实验过程中,凡是涉及测试连线改变时,都需先停止运行仿真,待连线调整完后,再开启仿真进行后续调节测试。)

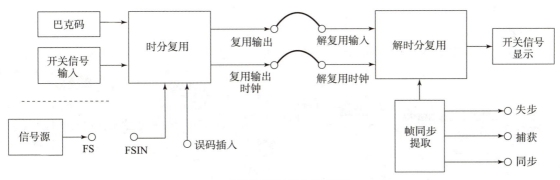

7号时分复用&时分交换模块

图 10-26 帧同步提取实验框图

任务　帧同步提取实验

概述：该项目是通过改变输入信号的误码插入情况，观测失步、捕获以及同步等指示灯变化情况，从而了解帧同步提取的原理。

帧同步

五、实验报告

（1）分析实验电路的工作原理，简述其工作过程。

（2）分析实验点的波形图，并分析实验现象。

实验十　时分复用与解复用实验

一、实验目的

（1）掌握时分复用的概念及工作原理。

（2）了解时分复用在整个通信系统中的作用。

二、实验器材

（1）主控 & 信号源模块。

（2）2 号数字终端 & 时分多址模块。

（3）3 号信源编译码模块。

（4）7 号时分复用 & 时分交换模块。

（5）13 号载波同步及位同步模块。

（6）示波器。

三、实验原理

1. 实验原理框图

时分复用与解复用原理分别如图 10-27 和图 10-28 所示。

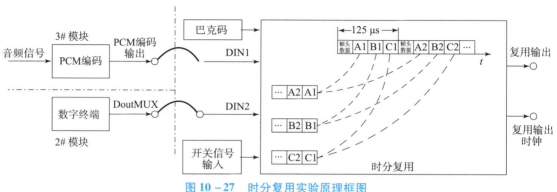

图 10-27 时分复用实验原理框图

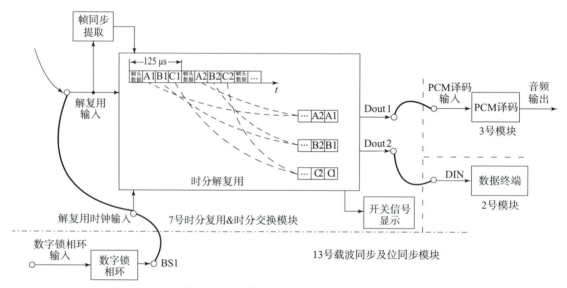

图 10-28 解时分复用实验原理框图

注：框图中 3 号和 2 号模块的相关连线有所简略，具体参考实验步骤中所述。

2. 实验框图说明

3 号模块的 PCM 数据和 2 号模块的数字终端数据，经过 7 号模块进行 256K 时分复用和解复用后，再送入相应的 PCM 译码单元和 2 号终端模块。时分复用是将整个信道传输信息的时间划分为若干时隙，并将这些时隙分配给每个端口的信号源进行使用。解复用的过程是先提取帧同步，然后将一帧数据缓存下来。接着按时隙将帧数据解开，最后，每个端口获取自己时隙的数据进行输出。

四、实验步骤

（注：实验过程中，凡是涉及测试连线改变时，都需先停止运行仿真，待连线调整完

后，再开启仿真进行后续调节测试。)

  任务一 256K 时分复用

  概述：该项目是通过观测 256K 帧同步信号及复用输出波形，了解复用的基本原理。

  任务二 256K 时分复用及解复用

  概述：该项目是将模拟信号通过 PCM 编码后，送到复用单元，再经过解复用输出，最后译码输出。

  任务三 2M 时分复用及解复用

  概述：该项目设置复用速率为 2 048 kHz，实验观测的过程同 256K 的时分复用。

时分复用及解复用

五、实验报告

（1）画出各测试点波形，并分析实验现象。

（2）分析电路的工作原理，叙述其工作过程。

实验十一 HDB3 线路编码通信系统综合实验

一、实验目的

（1）熟悉 HDB3 编译码器在通信系统中位置及发挥的作用；

（2）熟悉 HDB3 通信系统的系统框架。

二、实验器材

（1）主控 & 信号源模块；

（2）2 号数字终端 & 时分多址模块；

（3）3 号信源编译码模块；

（4）7 号时分复用 & 时分多址模块；

（5）8 号基带传输编译码模块；

（6）13 号载波同步及位同步模块；

（7）示波器。

三、实验原理

1. 实验原理框图

HDB3 线路编码通信系统实验原理如图 10-29 所示。

2. 实验原理说明

  信号源输出模拟信号经过 3 号模块进行 PCM 编码，与 2 号模块的拨码信号一起送入 7 号模块，进行时分复用，然后通过 8 号模块进行 HDB3 编码；编码输出信号再送回 8 号模块进行

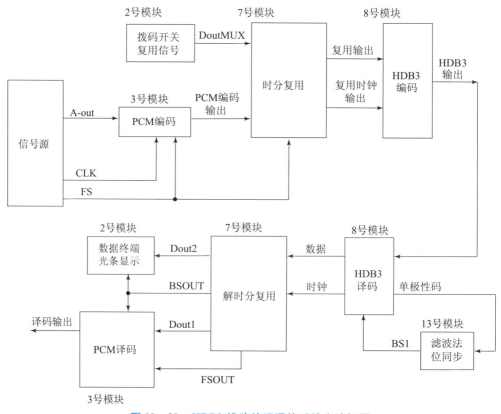

图 10-29　HDB3 线路编码通信系统实验框图

注：图中所示连线有所省略，具体连线操作按实验步骤说明进行。

HDB3 译码，其中译码时钟用 13 号模块滤波法位同步提取，输出信号再送入 7 号模块进行解复接，恢复的两路数据分别送到 3 号模块的 PCM 译码单元和 2 号模块的光条显示单元，从而可以从示波器中对比译码输出和原始信号源信号，并可以从光条中看到原始拨码信号。

四、实验步骤

（注：实验过程中，凡是涉及测试连线改变时，都需先停止运行仿真，待连线调整完后，再开启仿真进行后续调节测试。）

任务　HDB3 线路编码通信系统综合实验

概述：本实验主要是让学生理解 HDB3 线路编译码以及时分复用等知识点，同时加深对以上两个知识点的认识和掌握，同时能对实际信号的传输系统建立起简单的框架。

HDB3 系统实验

五、实验报告

（1）叙述 HDB3 码在通信系统中的作用及对通信系统的影响。

（2）整理信号在传输过程中的各点波形。

参 考 文 献

[1] 樊昌信,曹丽娜. 通信原理精编本[M]. 7版. 北京:国防大学出版社,2021.
[2] 黄根岭. 通信原理[M]. 成都:西南交通大学出版社,2020.
[3] 李晓峰,周宁,等. 通信原理[M]. 2版. 北京:清华大学出版社,2018.
[4] 谭婕娟. 现代通信技术[M]. 西安:西安电子科技大学出版社,2018.
[5] 陈彦彬,冷建材. 通信系统与技术基础[M]. 北京:中国工信出版集团,人民邮电出版社,2022.
[6] 张平川. 现代通信原理与技术简明教程[M]. 2版. 北京:北京大学出版社,2016.
[7] 陶亚雄. 现代通信原理[M]. 5版. 北京:中国工信出版集团,人民邮电出版社,2017.
[8] 华水平. 通信技术与系统简明教程[M]. 北京:机械工业出版社,2019.
[9] 杨波,王元杰. 大话通信[M]. 2版. 北京:中国工信出版社,人民邮电出版社,2020.
[10] 朱月秀. 现代通信技术[M]. 3版. 北京:电子工业出版社,2011.
[11] 周冬梅. 数字通信原理[M]. 2版. 北京:中国工信出版社,电子工业出版社,2016.
[12] 杨波. 大话通信[M]. 2版. 北京:中国工信出版集团,人民邮电出版社,2020.